今すぐ使える かんたんEx

YouTube 投稿&集客

ユーチューブ

［改訂2版］

GIHYO SELECTION

プロ技 BEST セレクション

Professional Skills

PREMIUM

リンクアップ 著
ギュイーントクガワ 監修

技術評論社

目次

まず覚えたい！ YouTubeの基本と視聴テクニック

第2章 世界に向けて配信！動画の投稿&編集テクニック

目次

第3章 ファンを獲得！ チャンネルの編集テクニック

目次

リスナーと交流！ ライブ配信のテクニック

楽しく稼ぐ！ 動画を収益化するテクニック

第6章 改善点を発見！動画の分析テクニック

目次

手軽に視聴&管理! スマートフォンの活用テクニック

監修プロフィール

ギュイーントクガワ

ビデオグラファー、YouTubeクリエイター。Panasonic LUMIX S1Hを愛用し、YouTubeでは機材のレビューやおでかけ、キャンプのVLOGなどを発信している。近著は『もっとええのん追求りたい! ギュイーン流 YouTubeの遊び方』(玄光社)、VIDEO SALON(玄光社)にて『魅せる動画の作り方』を連載。

ご注意 ご購入・ご利用の前に必ずお読みください

本書に記載された内容は、情報の提供のみを目的としています。したがって、本書を用いた運用は、必ずお客様自身の責任と判断によって行ってください。これらの情報の運用の結果について、技術評論社および著者はいかなる責任も負いません。

- ソフトウェアに関する記述は、特に断りのない限り、2023年4月現在での最新バージョンをもとにしています。ソフトウェアはバージョンアップされる場合があり、本書での説明とは機能内容や画面図などが異なってしまうこともあり得ます。あらかじめご了承ください。
- 本書は、以下の環境の画面で解説を行っています。これ以外のバージョンでは、画面や操作手順が異なる場合があります。
  パソコンのOS:Windows 10
  iPhoneのOS:iOS 16.2
  AndroidのOS:Android 12
- インターネットの情報については、URLや画面などが変更されている可能性があります。ご注意ください。

以上の注意事項をご承諾いただいた上で、本書をご利用願います。これらの注意事項をお読みいただかずに、お問い合わせいただいても、技術評論社は対応しかねます。あらかじめご承知おきください。

第1章

まず覚えたい！
YouTubeの基本と
視聴テクニック

001 YouTubeとは

YouTubeの基本

YouTube（ユーチューブ）とはGoogleが提供する、世界最大の動画共有・配信サイトです。自分の作成した動画のアップロードや、世界中のユーザーがアップロードした動画の視聴など、さまざまな交流ができるコミュニティサイトです。

世界最大の動画共有サイト

YouTube は全世界で約 20 億人以上のユーザーが利用する、世界最大の動画共有サイトです。その再生数は 1 日で数 10 億再生に及び、現在でも再生数は増え続けています。近年ではスマートフォンの普及に伴い、アプリを使った動画視聴や、スマートフォンのカメラを利用した動画のアップロードも増えています。アップロードされる動画の種類もさまざまで、動画を投稿するユーザーが好きな番組を制作し、それを発表する放送局を持っているような感覚です。

COLUMN 日本以外の国のYouTubeも見ることができる

YouTubeでは接続された地域によって自動的にサーバーを振り分けるローカライズ化が行われています。日本以外の国や地域のYouTubeに接続するには、画面右上のプロフィールボタン→［場所：日本］の順にクリックし、任意の国を選択します。

豊富な映画・TV・音楽コンテンツ

YouTube には個人のユーザーのほかに、TV 局や番組制作会社、音楽出版社やアーティストなどのマネジメント会社が公式にアカウントを持っている場合があります。そのような公式アカウントでは自社制作の映画や TV 番組、音楽などさまざまなコンテンツを視聴することができます。公式アカウントのコンテンツには有料のものも存在します。

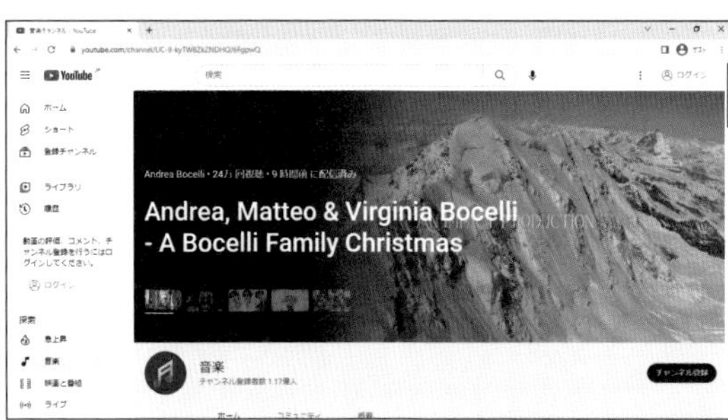

音楽やTV番組など、さまざまなコンテンツを視聴することができ、映画など有料のコンテンツも存在します。

自分の動画を投稿できる

YouTube の最大の醍醐味は、なんといっても自分が撮影・編集した動画を世界に配信できるところにあります。動画の投稿や編集にはさまざまな機材やソフトが必要になりますが、近年ではどれも手頃な価格で入手できるようになり、スマートフォンと無料アプリのみでの編集や投稿も可能です。撮影機材や編集ソフトに関しては Sec.033 を、スマートフォンでの投稿は Sec.133 ～ 135 を参照してください。

002 YouTubeの基本

YouTubeでできること

YouTubeでできることは動画の視聴と投稿です。動画を投稿すれば誰でも、世界中のユーザーに視聴してもらうことが可能です。今では多くの企業や個人が宣伝に活用しています。また、収益化できるしくみを利用して、高額の収入を得ている人も存在します。

動画の視聴

YouTube で動画を視聴するには、パソコンのブラウザを利用する方法と、スマートフォンの専用アプリを使う方法、一部テレビのブラウザ、専用アプリを利用する方法があります。一般的なコンテンツの視聴であればアカウント登録の必要もなく、YouTube にアクセスするだけでかんたんに視聴することができます。

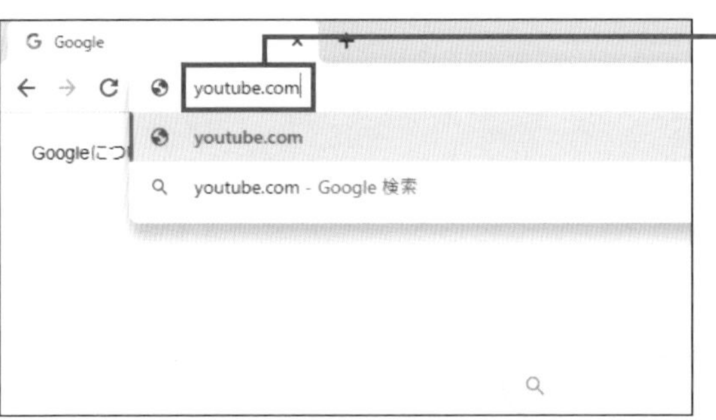

❶ブラウザのアドレスバーに「youtube.com」と入力し、Enter キーを押します。

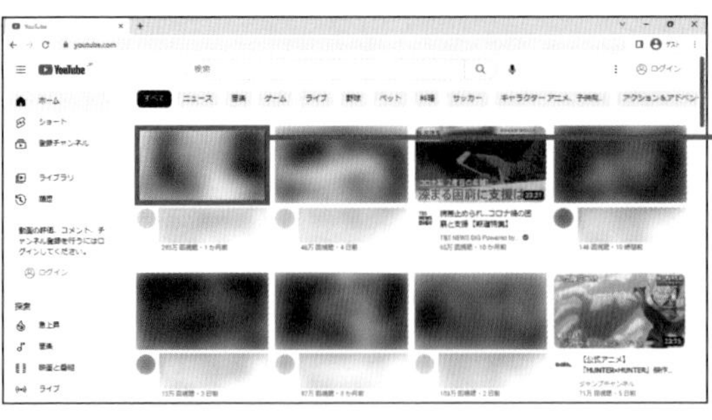

❷ YouTube のトップページが表示されます。

❸ 任意の動画をクリックすると、動画を再生することができます。

COLUMN Chromeブラウザを使おう!

Windowsに最初から搭載されているブラウザはMicrosoft Edgeですが、ここではGoogleのChromeブラウザを利用して説明します。ChromeブラウザはYouTubeと同じGoogleのため、YouTubeとの親和性が非常に高く、高機能なブラウザです。

動画の投稿

動画を投稿するためには、動画の撮影、編集、投稿の 3 つの手順が必要です。投稿した動画を公開状態にすると、その動画は世界中の YouTube ユーザーが視聴できる状態になります。動画の投稿については、第 2 章で詳しく紹介します。
なお、動画を視聴する場合とは異なり、動画を投稿する際は Google アカウントでのログイン（Sec.003 参照）が必要です。

動画の投稿画面です。多くの人に見てもらえるように、タグをつけたりサムネイルを工夫するなどします。

動画を投稿するには、Google アカウントでログインする必要があります。

動画の収益化

YouTube では、自身のアップロードした動画を収益化するパートナープログラムも用意されています。パートナープログラムを利用すると、自分の動画に広告をつけたり、メンバーシップ（Sec.017 参照）を開設するなどして、収入を得ることができます。収益化については、第 5 章で詳しく紹介します。

YouTubeで収益化をするには、Google AdSenseアカウントを作成する必要があります。

003 YouTubeの基本 YouTubeのアカウントを作成する

YouTubeのすべてのサービスを利用するには、Googleアカウントと呼ばれる、Googleの提供するサービスを利用するためのアカウントを作成する必要があります。Googleアカウントは無料でいくつも作成することが可能です。

Googleアカウントを作成する

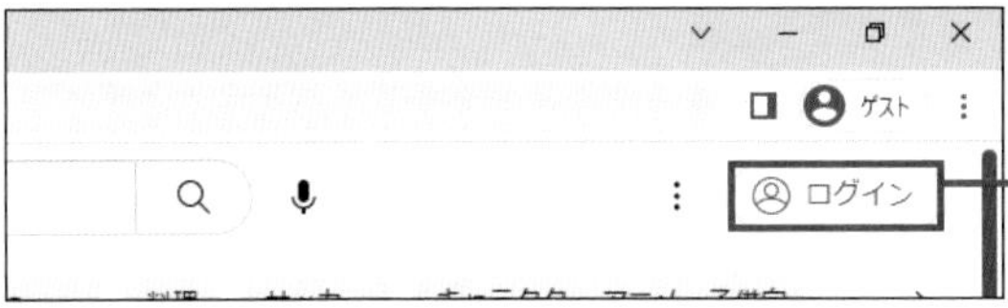

❶ Sec.002を参考に YouTubeトップページ（youtube.com）を開き、

❷ ログインをクリックします。

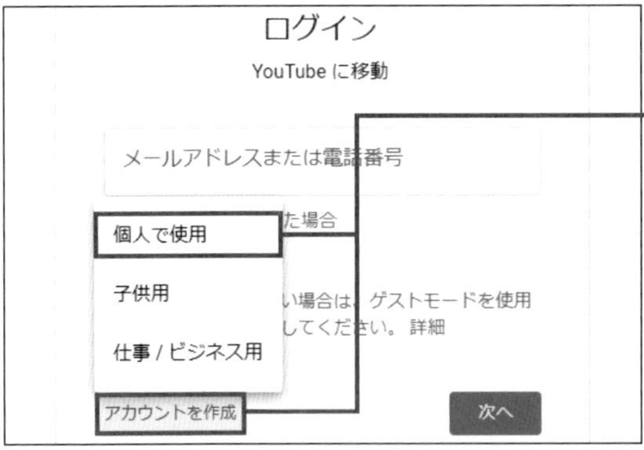

❸ Google アカウントのログイン画面が表示されます。

❹［アカウントを作成］→［個人で使用］の順にクリックします。

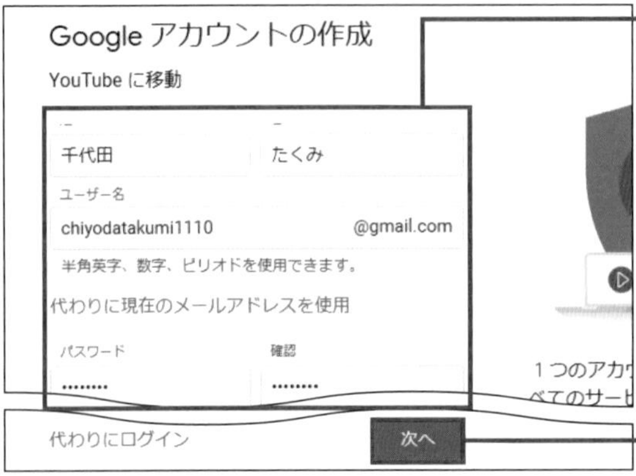

❺ 登録に必要な情報を入力します。

❻ 入力が終了したら［次へ］をクリックし、画面の指示に従ってアカウントを作成します。

YouTubeにログインする

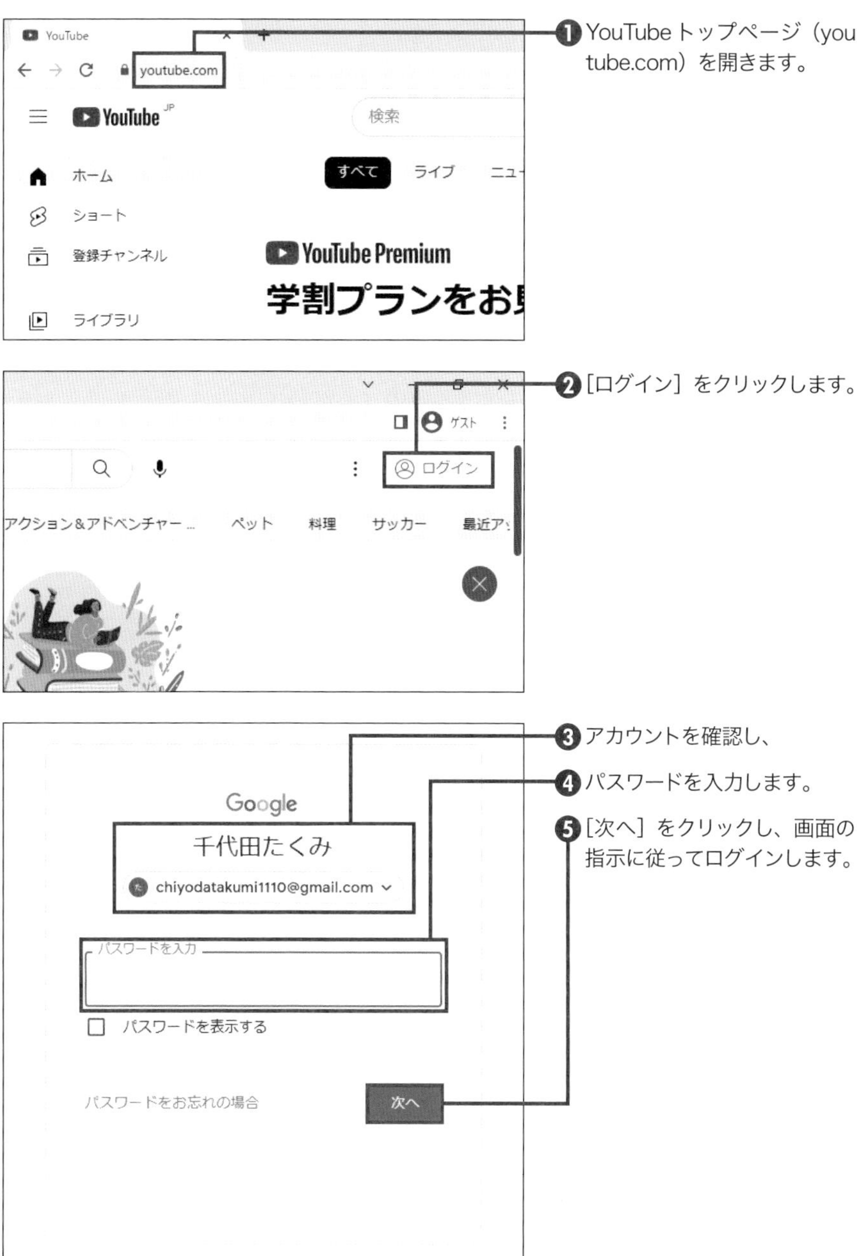

❶ YouTube トップページ（youtube.com）を開きます。

❷［ログイン］をクリックします。

❸ アカウントを確認し、

❹ パスワードを入力します。

❺［次へ］をクリックし、画面の指示に従ってログインします。

第1章 YouTubeの基本 第2章 第3章 第4章

004 YouTubeの基本

YouTubeの画面構成

YouTubeは大きく分けて、トップページと再生画面の2つで構成されています。トップページには自分の検索履歴に応じたおすすめ動画や流行している動画などが表示され、再生画面には各種コントローラーや現在再生中の動画に関連した動画などが表示されています。

トップページの画面構成

トップページには、履歴に応じたおすすめ動画や、現在流行している動画、最近アップロードされた動画などが表示されます。また、画面左上の≡（❷）をクリックしてガイドの項目を表示させれば、マイチャンネルや登録チャンネルなどの各種画面にすぐ移動できます。ガイドの項目は、≡のアイコンがあるほかの画面でも表示することができます。

❶	YouTube アイコン	トップページを表示します。
❷	ガイドアイコン	ガイドの項目の表示／非表示を切り替えます。
❸	ホーム	YouTube アイコンと同様にトップページに戻ります。
❹	ショート	ショート動画を再生します。
❺	登録チャンネル	登録しているチャンネルの最新情報を確認できます。
❻	ライブラリ	「履歴」や「後で見る」などのリストが一覧表示されます。
❼	履歴	現在までに視聴した動画を表示します。
❽	作成した動画	クリエイターツール画面を表示します。
❾	後で見る	「後で見る」に登録した動画を表示します。
❿	高く評価した動画	高く評価した動画を一覧表示します。

⑪	検索バー	動画をキーワード検索できます。
⑫	アップロードボタン	動画のアップロードを行う画面に移動します。
⑬	プロフィールボタン	アカウントのログイン／ログアウト、追加を行います。

再生画面の画面構成

❶	再生／停止ボタン	動画の再生と停止を行います。
❷	次へボタン	次の動画に進みます。
❸	音量ボタン	音量の調節や、消音を行います。
❹	自動再生ボタン	自動再生のオン／オフを切り替えます。
❺	字幕ボタン	字幕のオン／オフを切り替えます。
❻	設定ボタン	再生速度や字幕、画質などの設定を行います。
❼	ミニプレーヤーボタン	ミニプレーヤー表示に切り替えます。
❽	シアターモードボタン	通常モードとシアターモードを切り替えます。
❾	テレビで再生ボタン	テレビなどのデバイスに接続します。
❿	全画面ボタン	全画面表示に切り替えます。
⓫	チャンネル登録ボタン	動画の配信チャンネルを登録します。
⓬	関連動画	再生している動画に関連した動画やおすすめの動画が表示されます。

※環境によっては、一部のボタンは表示されない場合があります。

005 チャンネルとは

YouTubeの基本

チャンネルとは、YouTubeにアップロードした自分の動画を管理できる配信局のことです。ほかのユーザーにも公開でき、公開する範囲はチャンネルを作成したユーザーが設定することができます。

チャンネルとは

チャンネルとは、動画の投稿や生配信に利用する自分だけの配信局です。チャンネルを公開設定しておくことで、世界中のユーザーに自分の動画を届けることができます。視聴者が自分のチャンネルを気に入ってくれれば、チャンネルを登録してもらうこともできます。登録数をどんどん増やして、多くのファンを獲得しましょう。
YouTube アカウントを作成すれば、チャンネルはかんたんに作成できます。

COLUMN チャンネルの編集

チャンネルでは、プロフィールアイコンやチャンネルアート、おすすめの動画などの設定ができます。いずれも初めて自分のチャンネルを訪れるユーザーに、チャンネルの内容や雰囲気が伝わるようなものを設定しましょう。チャンネルの編集などについては第3章を参照してください。

チャンネルを作成する

❶プロフィールボタンをクリックし、

❷[チャンネルを作成]をクリックします。

❸初めてチャンネルを開くと、チャンネルの作成画面が表示されます。

> **MEMO チャンネルを複数持つ**
>
> 1つのアカウントで、複数のチャンネルを持つことができます。ビジネス用のチャンネルを作るときなどは、Sec.075を参考に作成しておきましょう。

❹問題がなければ[チャンネルを作成]をクリックします。

チャンネルを表示する

❶チャンネルを作成したうえで、プロフィールボタン→[チャンネル]の順にクリックすると、

❷チャンネル画面が表示されます。

006 アカウントを確認する

YouTubeの基本

YouTubeでアカウントの確認を行うと、15分を超える動画をアップロードできるようになるなど、できることが広がります。アカウントの確認には通話可能な電話番号か、SMSを受信できる電話番号が必要になります。

アカウントを確認する

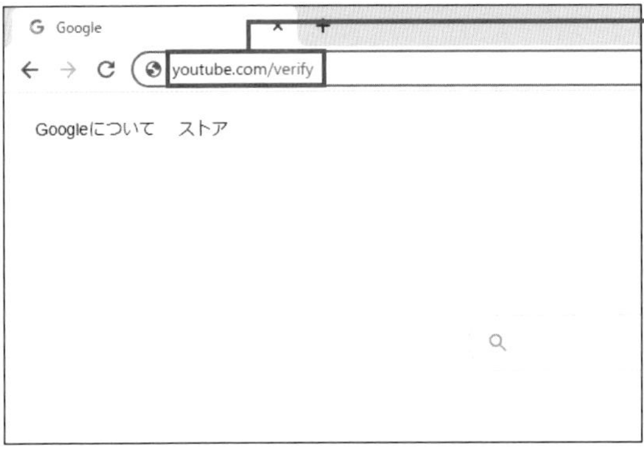

❶チャンネルの確認画面（youtube.com/verify）を開きます。

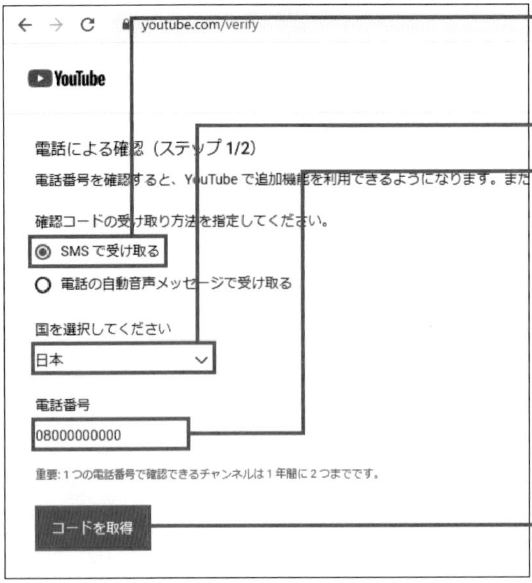

❷確認コードの受け取り方法を指定します。ここではSMSを利用します。

❸国を選択します。

❹SMSの受信可能な電話番号を入力し、

❺［コードを取得］をクリックします。

SMS/MMS
今日 18:21

お客様の YouTube 確認コードは
421363 です

❻ 入力した電話番号に、YouTube から確認コードを記載した SMS が届きます。

確認コードが届かない場合、入力した電話番号を確認し、再度［コードを取得］をクリックしましょう。

YouTube

電話による確認（ステップ 2/2）
確認コードを記載したテキスト メッセージを 08000000000 に送信しました。お
テキスト メッセージが届かない場合は、前に戻って [電話の自動音声メッセージ
6 桁の確認コードを入力してください
421363
戻る　送信

❼ 受信した確認コードを入力し、
❽［送信］をクリックします。

YouTube

電話番号を確認しました
電話番号の確認が完了しました。

❾ アカウントの確認が完了しました。

COLUMN 「チャンネルのステータスと機能」画面

YouTubeのトップページでプロフィールボタン→［設定］の順にクリックし、「アカウント」画面で［チャンネルのステータスと機能］をクリックすると、現在のアカウントステータスや、YouTubeの各機能の設定を確認・変更できます。アカウント確認が完了しているかどうかも、この画面から確認できます。

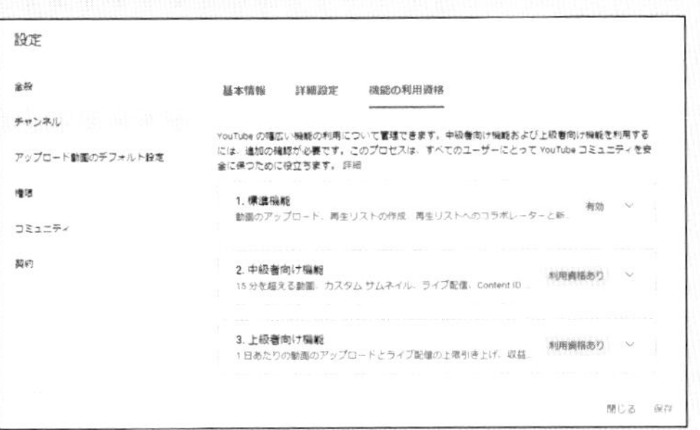

動画視聴の機能とは

YouTubeではさまざまな視聴機能が用意されています。検索バーで動画を探す方法だけでなく、おすすめの動画から選ぶ、お気に入りのチャンネルを登録する、再生リストでお気に入り動画をまとめるなど、自分なりの視聴方法を楽しめます。

YouTubeの視聴機能

YouTube では、画面上部の検索バーにキーワードを入力する検索方法のほかにも、現在の人気動画や、各ユーザーの視聴・検索履歴に応じたおすすめ動画などから動画を探すことができます。また、視聴した動画に評価やコメントをつけたり、お気に入りの動画をまとめて再生リストを作成することも可能です。

検索とフィルタ機能

キーワード検索には、検索結果を絞り込むフィルタ機能が用意されています（Sec.012参照）。

おすすめ動画の表示

トップページには、これまでの視聴履歴や検索履歴などから、ユーザーに合わせたおすすめ動画が表示されます。

動画への評価

評価アイコン（👍、👎）をクリックすることで、アップロードされた動画に評価をつけることができます。自分が高く評価をした動画は、あとで再生リストからまとめて確認できます（Sec.015参照）。

さまざまなチャンネルを登録できる

YouTube では、動画のアップロード時に「チャンネル」と呼ばれるユーザーのページを作成する必要があり、動画を投稿しているユーザーは必ず自分のチャンネルを持っています。気に入ったユーザーのチャンネルを登録しておけば、そのユーザーの新着動画をすぐに確認でき、アップロードされた動画をまとめて確認することができます。

視聴している動画が気に入ったら［チャンネル登録］をクリックして、そのチャンネルを登録しておきましょう。

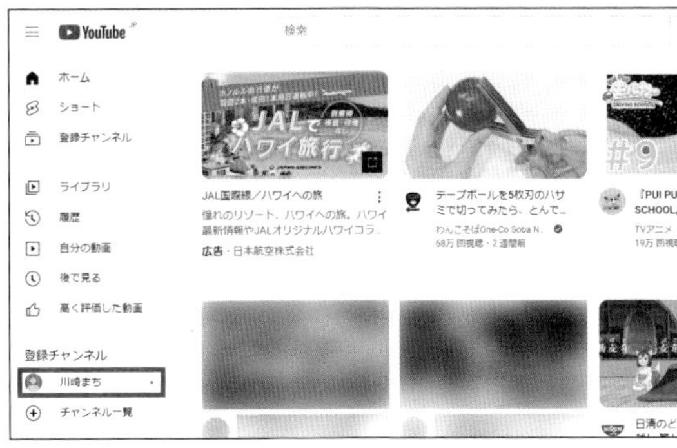

登録したチャンネルは、ガイド項目の「登録チャンネル」の下に表示されるようになります。

再生リストで動画をまとめる

YouTube では、お気に入りの動画を再生リストや「後で見る」に保存しておくことができます。自分だけの再生リストを作成して、動画を続けて再生することもできます。新しく作成した再生リストはガイドに表示されるようになります。

再生リストにお気に入りの動画を追加しておけば、その動画を検索し直す必要がなくなり、自分の好きな動画を好きな順で再生することができます。

008
YouTubeの基本

再生画面の基本操作を知る

YouTubeの再生画面では動画の再生・一時停止、音量、再生位置の変更などの基本操作や、動画の画質や画面のサイズの変更などができます。また、主な操作にはショートカットキーが割り当てられているので利用してみましょう。

再生画面の操作方法

動画の再生・一時停止

ペンギンの動画

▶をクリックすると、動画が再生されます。再生中に⏸をクリックすると一時停止します。

音量の操作

ペンギンの動画

🔊にマウスを重ねると、音量を操作するバーが表示されます。バーに表示されている●を左右にドラッグすることで音量を変更できます。

🔊をクリックしてミュート（消音）にすることもできます。

再生位置の変更

ペンギンの動画

動画下部のバーを左右にドラッグすると、任意の再生位置に変更することが可能です。変更時には、再生位置のサムネイル画像と時間が表示されます。

字幕の表示・非表示

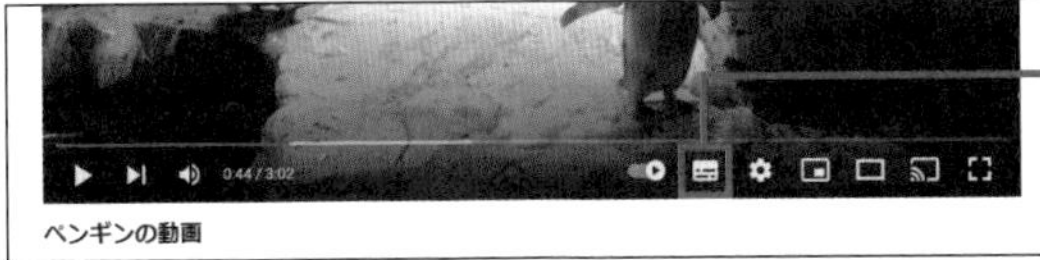
ペンギンの動画

をクリックすると、字幕のオン・オフを切り替えできます。は字幕に対応した動画でしか表示されません。

動画設定

ペンギンの動画

をクリックすると、画質、再生速度、字幕言語の設定などができます。

シアターモード

ペンギンの動画

をクリックすると、シアターモードに切り替えできます。シアターモードを終了するには、同じアイコンを再度クリックします。

フルスクリーンモード

ペンギンの動画

をクリックすると、再生画面を全画面表示に変更することができます。全画面表示を終了するには、同じアイコンをクリックするか、キーボードのEscキーを押します。

COLUMN ショートカットキーで操作する

YouTubeは再生・一時停止などの一部操作に、キーボードのショートカットが割り当てられています。以下はショートカットの一例です。

K	再生・一時停止
L	10 秒送り
J	10 秒戻し

←	5 秒送り
→	5 秒送り
Home	動画の先頭へ

End	動画の最後へ
F	フルスクリーンモード
M	ミュート

009 YouTubeの基本 動画を検索して再生する

画面上部の検索バーにキーワードを入力することで、YouTube内に公開されているすべての動画を検索することができます。また、Googleなどの検索エンジンからも探す方法もあります。違った検索結果が得られるので、試してみるとおもしろいでしょう。

キーワードで動画を検索する

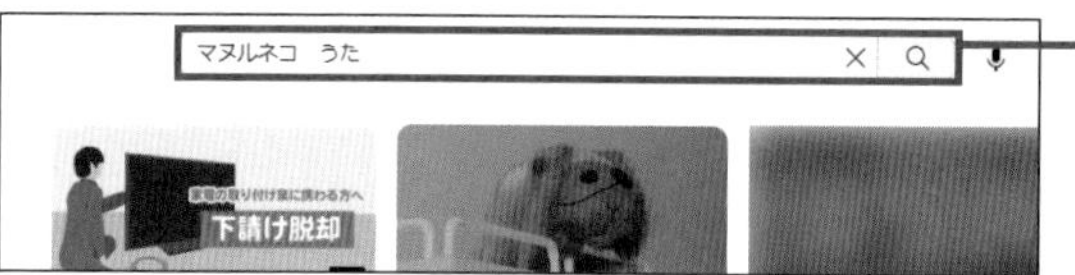

❶画面上部の検索バーに任意のキーワードを入力し、Enterキーを押します。

❷検索結果が表示されます。

❸動画をクリックすると、

❹動画の再生画面が表示されます。

COLUMN Googleから動画を検索する

アドレスバーに「google.co.jp」と入力しEnterキーを押して、Googleのトップページを開きます。検索ボックスに「キーワード　youtube」の形式で入力してEnterキーを押すと、YouTubeの動画を中心に検索結果が表示されます。

動画の画質や再生速度を変更する

YouTubeで再生される動画の画質や再生速度は、変更することが可能です。動画を高画質で再生したり、長時間の動画を早送りにして再生時間を短縮したりできます。画質は初期設定で「自動」に設定されます。

動画を高画質に切り替える

❶ 再生画面を開き、画面右下の⚙をクリックします。

❷ この動画では自動で480pに設定されていることがわかります。[画質] をクリックします。

❸ 表示される画質に変更できます。任意の画質（ここでは[1080pHD]）をクリックすると、画質が変更されます。

インターネット環境がよくない場合などは、高画質の動画は快適に再生されないので注意しましょう。

❹ 手順❶の画面で、[再生速度] をクリックします。

❺ 任意の再生速度をクリックすると、再生速度を変更できます。

011
YouTubeの基本

検索結果を並べ替える

YouTubeの検索結果は、関連度順、アップロード日、視聴回数、評価などの順番で並べ替えができます。並べ替えを利用すると、通常の設定で検索したときとはまるで違う結果が表示されるので、思わぬ動画を発見できる可能性があります。

検索結果を並べ替える

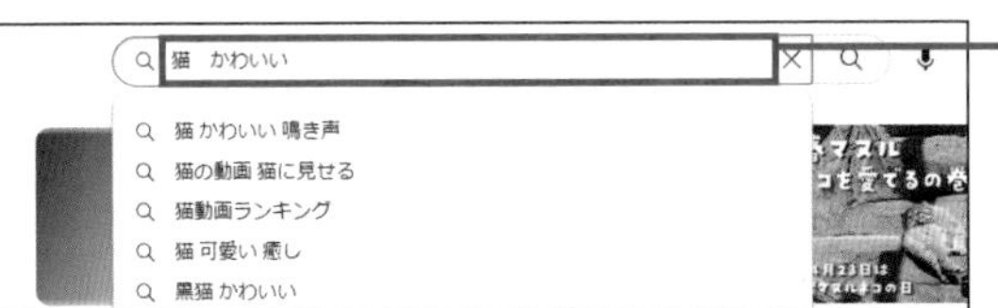

❶検索バーに任意のキーワードを入力して、Enterキーを押します。

❷検索結果が表示されたら、検索バーの下に表示されている［フィルタ］をクリックします。

❸「並べ替え」の項目（ここでは［視聴回数］）をクリックします。

並べ替えの項目は、初期設定では「関連度順」になっています。

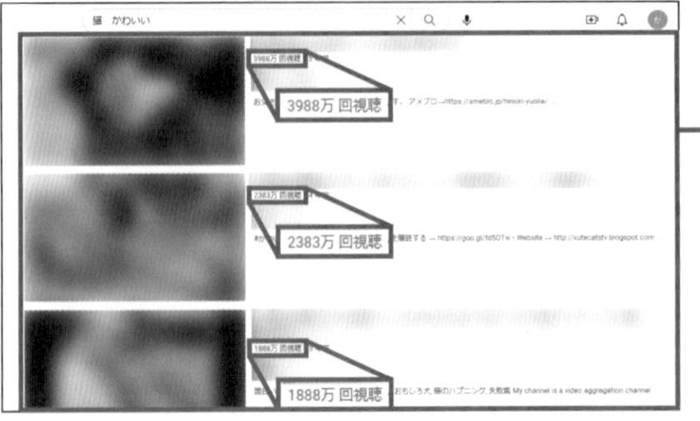

❹並べ替えが適用され、検索結果が視聴回数順に変更されました。

検索結果を絞り込む

YouTubeではフィルタを使って検索結果を絞り込むことができます。フィルタにはアップロード日、動画のタイプ、再生時間、4K画質、3D対応など多くの種類があり、動画の検索時に役立ちます。

検索結果を絞り込む

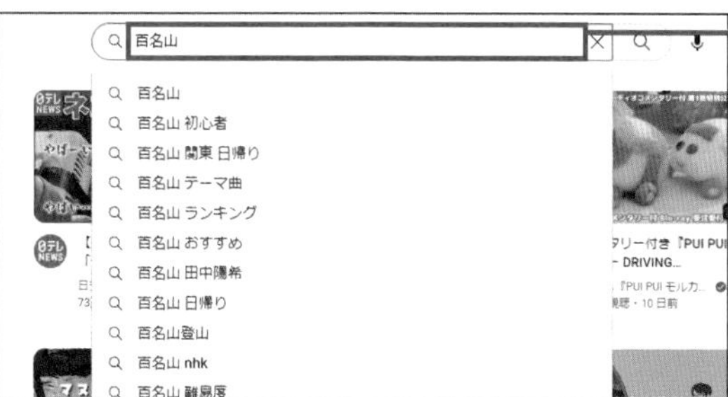

❶画面上部の検索バーに任意のキーワードを入力し、Enterキーを押します。

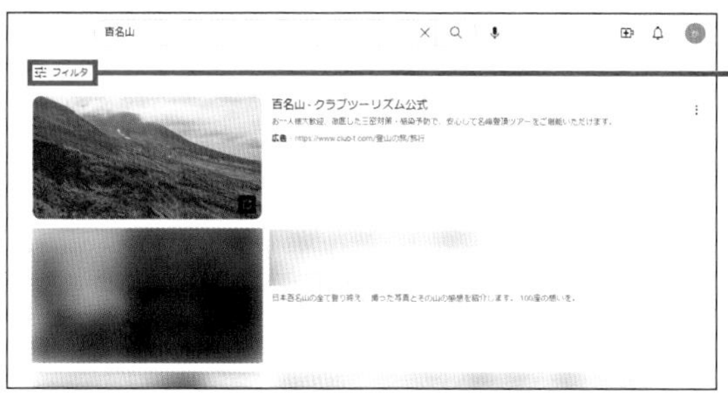

❷検索結果が表示されたら、検索バーの下に表示されている［フィルタ］をクリックします。

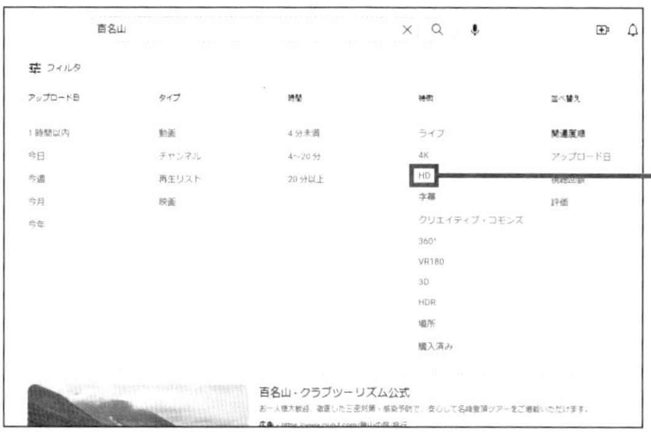

❸絞り込めるフィルタの一覧が表示されます。

❹任意の項目（ここでは［HD］）をクリックすると、フィルタをかけた検索結果が表示されます。

検索結果で再度［フィルタ］をクリックし、任意の項目を選択すると、複数のフィルタで絞り込むことができます。

013 再生中の動画の関連動画を見る

YouTubeの基本

YouTubeの再生画面の右側には、再生中の動画に関連する別の動画が表示されます。表示される動画はアップロード時につけられたタグや説明文、動画の人気などによって自動で決定されます。また、動画を見終わったあとで、次の動画を自動再生する機能もあります。

再生中の動画の関連動画を見る

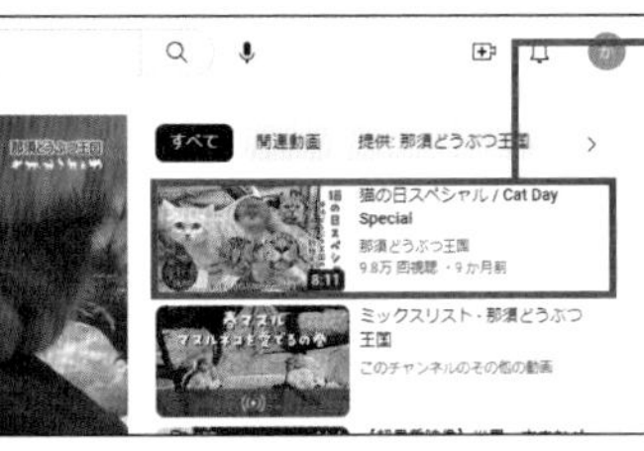

❶再生画面の右側に関連動画が表示されます。いちばん上の動画が「次の動画」に設定されています。

❷再生画面の⏭をクリックすると、「次の動画」に表示されている動画を再生できます。

ほかの関連動画をクリックすると、その動画が再生されます。

❸自動再生が[オン]になっている場合、再生中の動画が終了すると、「次の動画」に表示された動画が自動で再生されます。

COLUMN 自動再生をオフにする

初期設定では、関連動画の自動再生はオンになっています。自動再生をオフにしたい場合、再生画面右側の[オン]をクリックして、[オフ]に切り替えます。

014 YouTubeの基本

再生中の動画の投稿者のチャンネルを見る

気に入った動画を投稿したユーザーのことをもっと知りたくなったら、そのユーザーのチャンネルにアクセスしてみましょう。チャンネルではそのユーザーの投稿した動画だけでなく、再生リストや登録チャンネルなども公開されている場合があります。

動画の投稿者のチャンネルを見る

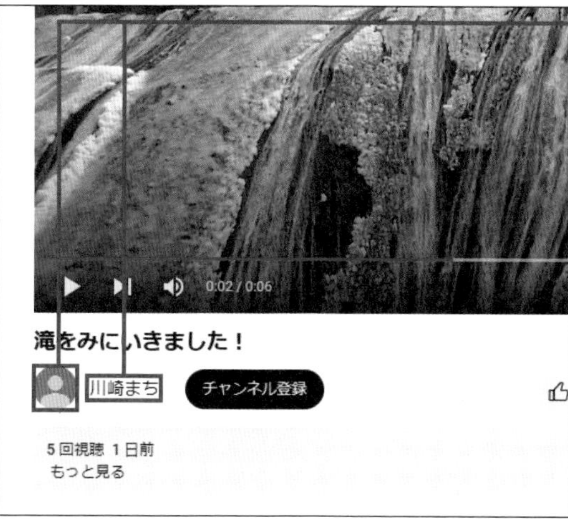

❶チャンネルを閲覧するには、プロフィールアイコンかユーザー名をクリックします。

❷投稿者のチャンネルが表示されます。

❸ここをクリックすると、各項目が表示されます。

動画に評価やコメントをつける

YouTubeでは投稿された動画に対して、評価やコメントをつけることができ、そのコメントに対しても評価やコメントをつけることができます。評価やコメントは、動画を投稿したユーザーにとって大きな励みとなります。ぜひ活用しましょう。

動画に評価をつける

❶評価をしたい動画の再生画面を開きます。

❷「高く評価」する場合は👍を、「低く評価」する場合は👎のアイコンをクリックします。ここでは👍をクリックします。

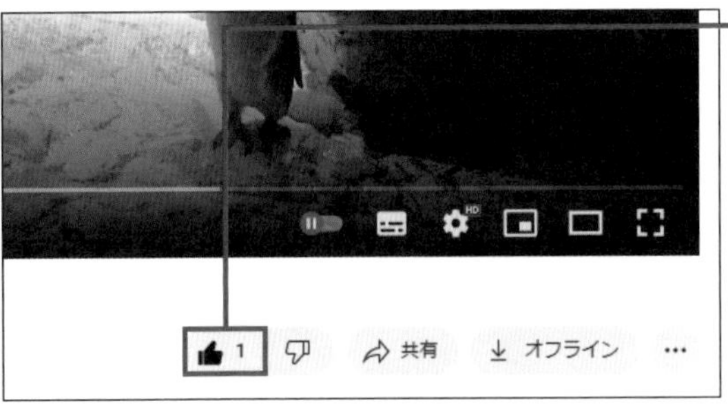

❸評価アイコンが黒色に変わり、評価数が1増えます。

> **MEMO 評価を取り消す**
>
> 評価したアイコンをクリックすると、評価を取り消すことができます。

COLUMN 高く評価した動画は再生リストに追加される

「高く評価」した動画は自分の再生リストに保存されて、いつでも確認できるようになります。画面左側の［高く評価した動画］をクリックして表示します。

動画にコメントをつける

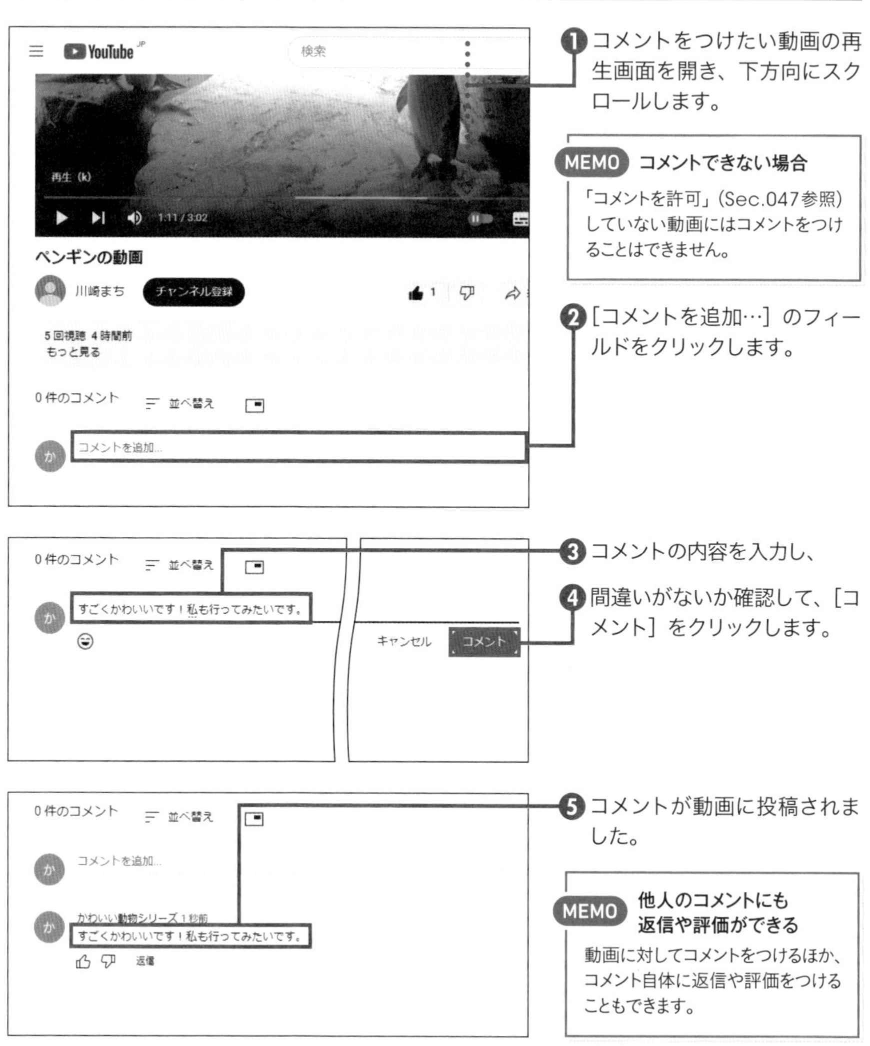

❶コメントをつけたい動画の再生画面を開き、下方向にスクロールします。

MEMO コメントできない場合

「コメントを許可」(Sec.047参照) していない動画にはコメントをつけることはできません。

❷［コメントを追加…］のフィールドをクリックします。

❸コメントの内容を入力し、

❹間違いがないか確認して、［コメント］をクリックします。

❺コメントが動画に投稿されました。

MEMO 他人のコメントにも返信や評価ができる

動画に対してコメントをつけるほか、コメント自体に返信や評価をつけることもできます。

COLUMN コメントをする際の注意

動画のコメントは、YouTubeを利用するすべてのユーザーが閲覧できます。そのため、ほかのユーザーの気持ちに配慮したコメントをつけることを心がけましょう。第三者から見て不快なコメントをつけると、不正行為を働いているとして、ほかのユーザーからYouTubeの運営に報告されてしまうことがあります。

投げ銭(スーパーチャット)を送る

配信や動画のプレミアム公開時などに、投げ銭機能のついたチャット「スーパーチャット」を送ることができます。送ったスーパーチャットは、動画のコメント欄に固定表示されます。金額が大きいほど、表示される時間が長くなります。

投げ銭（スーパーチャット）を送る

❶配信している動画を表示し、画面右側のコメント欄の¥をクリックします。

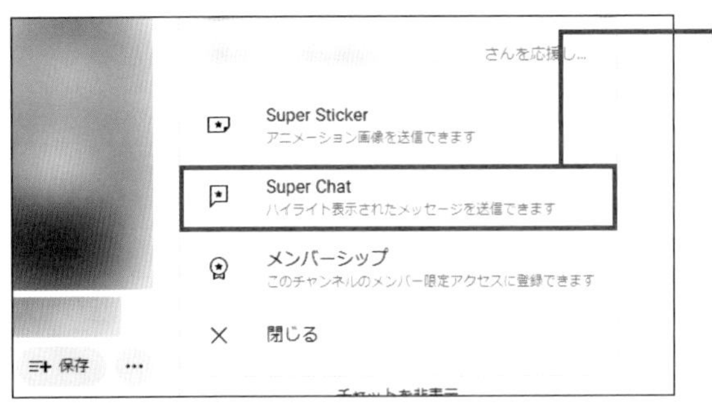

❷［Super Chat］をクリックします。

❸コメントと金額を入力し、

❹［購入して送信］をクリックして、画面の指示に従って支払い方法を設定します。

メンバーシップに加入する

メンバーシップとは、特定のチャンネルに月額料金を払うことで配信者を支援するシステムです。メンバー限定の動画やライブ配信の閲覧、カスタム絵文字の使用など、チャンネルごとにメンバーシップの特典が用意されています。

メンバーシップに加入する

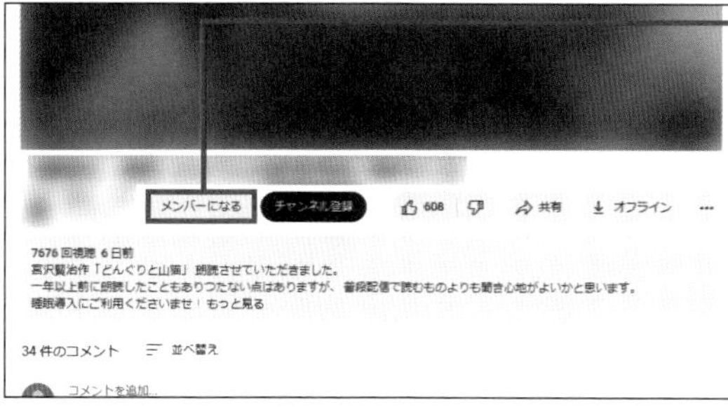

❶動画を表示し、［メンバーになる］をクリックします。

❷［メンバーになる］をクリックし、画面の指示に従って支払い方法を設定します。

MEMO 支払い方法を設定する

支払い方法を設定していない場合は、手順❷のあとで支払い方法の追加画面が表示されます。クレジットカードの追加、コードの使用などを選択し、画面の指示に従って設定しましょう。

COLUMN コメント欄からメンバーシップに加入する

P.036手順❷の画面で、［メンバーシップ］をクリックすることでもメンバーシップに加入することができます。

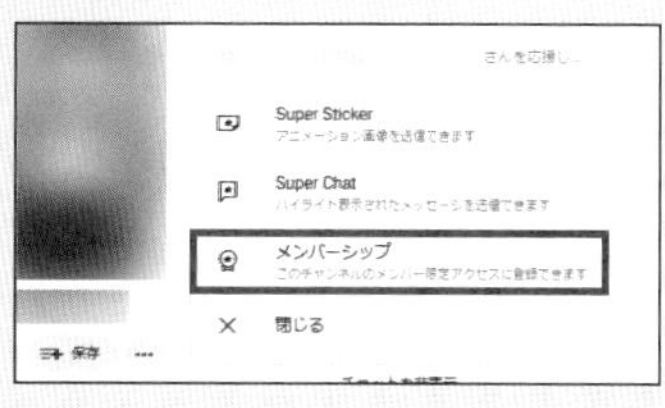

018 履歴を削除する

YouTubeの基本

YouTubeの視聴履歴と検索履歴は、それぞれ削除することができます。共用のパソコンを使ってYouTubeを視聴したときなど、自分の視聴した動画を知られたくない場合は履歴を削除しておきましょう。

視聴履歴を削除する

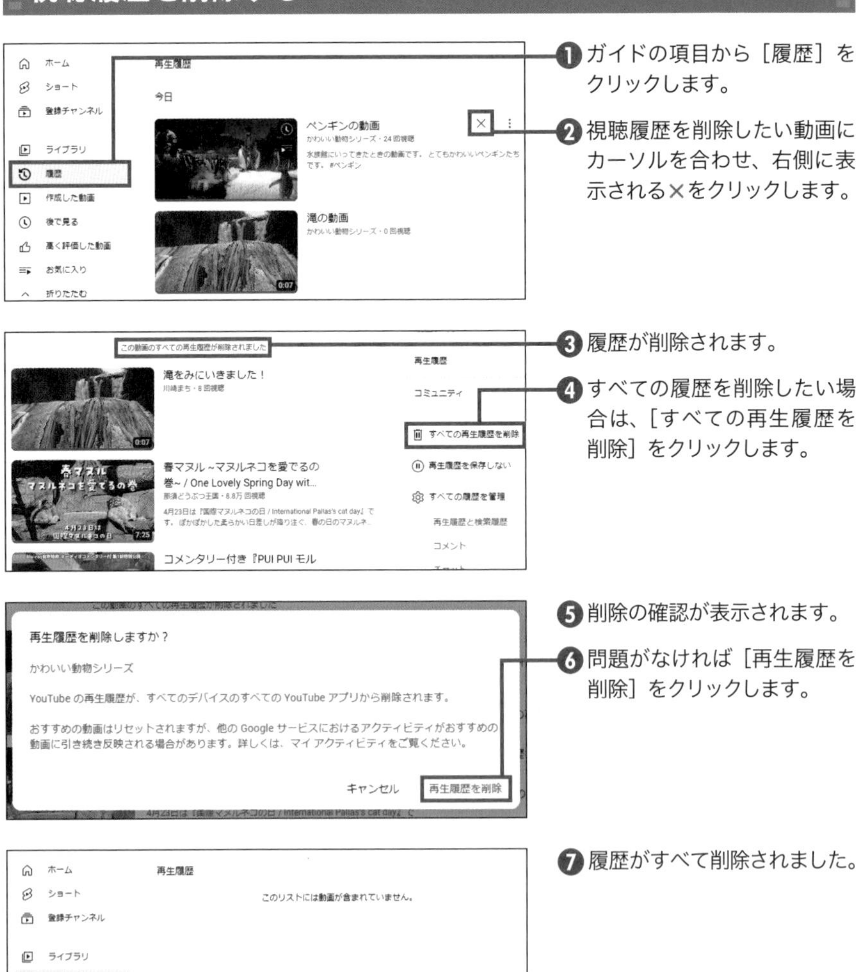

❶ガイドの項目から［履歴］をクリックします。

❷視聴履歴を削除したい動画にカーソルを合わせ、右側に表示される×をクリックします。

❸履歴が削除されます。

❹すべての履歴を削除したい場合は、［すべての再生履歴を削除］をクリックします。

❺削除の確認が表示されます。

❻問題がなければ［再生履歴を削除］をクリックします。

❼履歴がすべて削除されました。

検索履歴を削除する

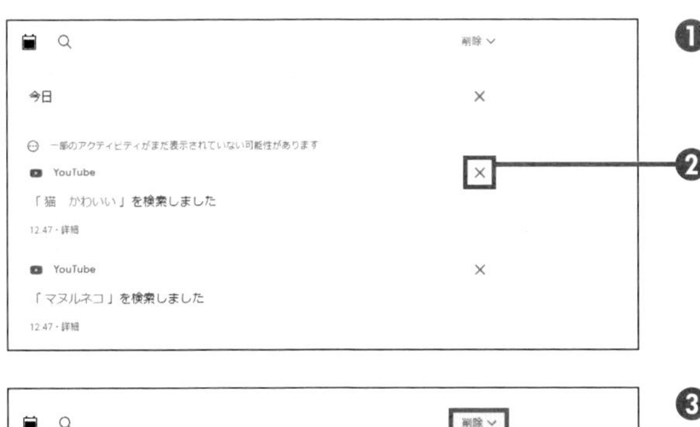

❶ P.038 手順❷の画面で、右側の［再生履歴と検索履歴］をクリックし、

❷ 削除したい検索履歴の右側にある×をクリックします。

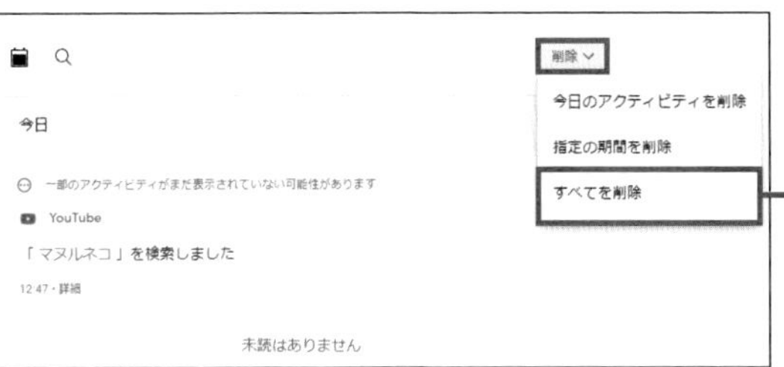

❸ 履歴が削除されます。

❹ すべての履歴を削除したい場合は、［削除］→［すべてを削除］の順にクリックします。

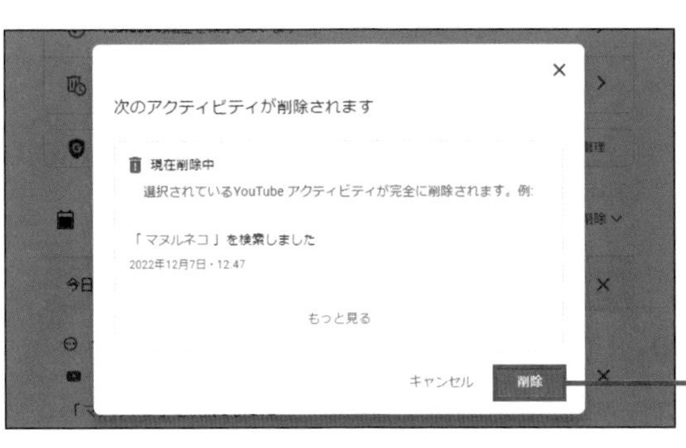

❺ 削除の確認が表示されます。

❻ 問題がなければ［削除］→［OK］の順にクリックします。

COLUMN 検索履歴を記録しない

検索履歴を消去する手間が面倒な場合、P.038手順❶の画面で、右側の［再生履歴を保存しない］→［一時停止］の順にクリックすると、検索履歴が記録されなくなります。［再生履歴を有効にする］をクリックすると、検索履歴を記録できるようになります。

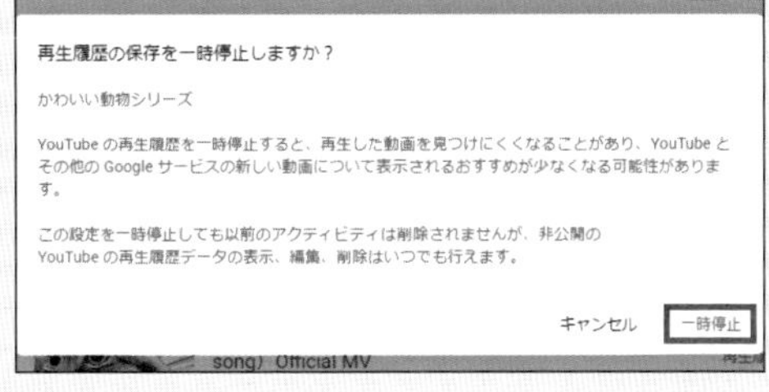

019 YouTubeの基本

「後で見る」リストに動画を保存する

YouTubeには「後で見る」という、アカウント作成時に自動で作成されるリストがあります。時間がないときなどに気になった動画をまとめておき、あとで確認できます。通常の再生リストとは異なり、公開設定にすることや、リスト自体を削除することはできません。

「後で見る」リストに動画を追加する

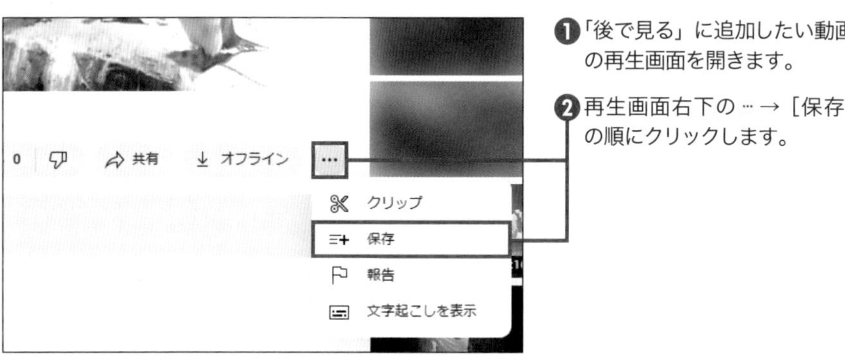

❶「後で見る」に追加したい動画の再生画面を開きます。

❷再生画面右下の … → ［保存］の順にクリックします。

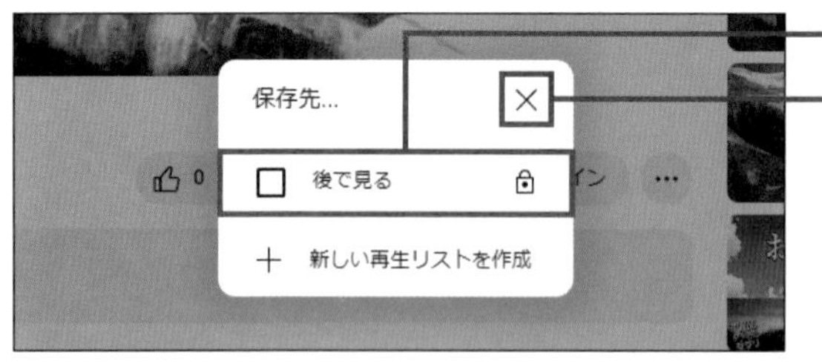

❸［後で見る］をクリックすると、左にある□の表示が☑に変わり、「後で見る」リストに追加されます。

❹×をクリックします。

COLUMN 動画の一覧から「後で見る」に追加する

「後で見る」リストへの追加は、動画の一覧画面からも可能です。トップページや検索結果画面などで、動画のサムネイルにマウスカーソルを合わせ、表示される🕓をクリックすると「後で見る」リストに追加できます。

「後で見る」リストから動画を再生する

❶ガイドの項目から［後で見る］をクリックします。

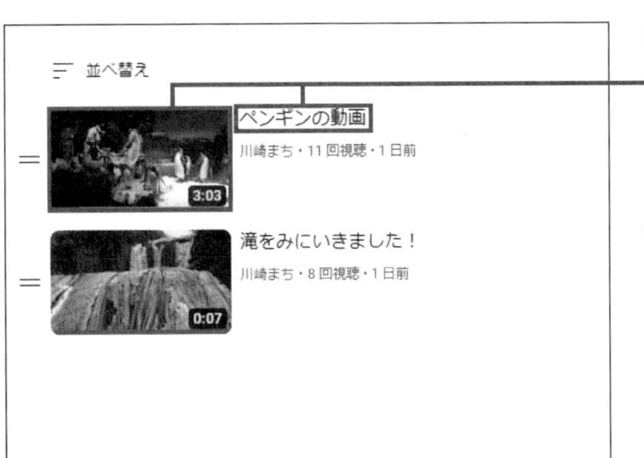

❷「後で見る」リストが表示されます。「後で見る」リストに複数の動画が登録されている場合、リストが並んで表示されます。

❸再生したい動画のサムネイルまたはタイトルをクリックします。

❹動画が再生されます。

第1章 YouTubeの基本
第2章
第3章
第4章

020 再生リストに お気に入り動画を保存する

YouTubeの基本

YouTubeには、お気に入りの動画をまとめて保存しておくことができる「再生リスト」という機能があります。再生リストの公開範囲は個別に設定できるので、ほかのユーザーに公開するリストと自分専用のリストを分けることができます。

新しい再生リストに動画を追加する

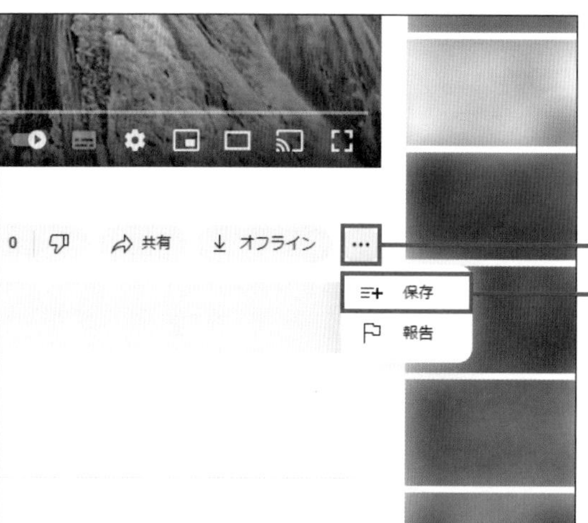

❶再生リストに追加したい動画の再生画面を開きます。

❷ … →［保存］の順にクリックします。

❸再生リストの選択・追加画面が表示されます。

❹新規の再生リストを作成する場合は［新しい再生リストを作成］をクリックします。

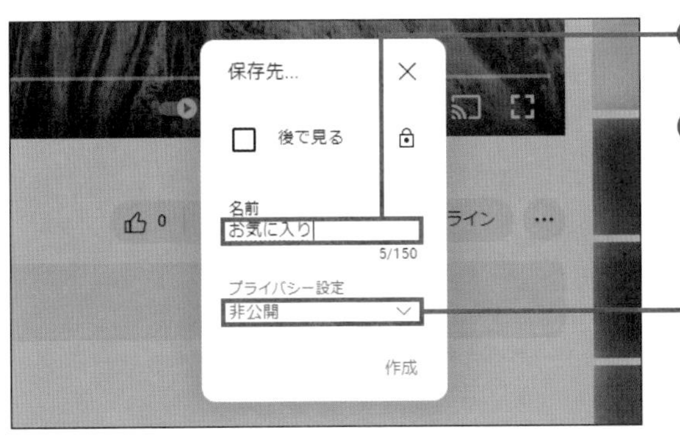

❺ 再生リストにつける名前を入力します。

❻ 公開範囲を設定する場合は[非公開]をクリックします。

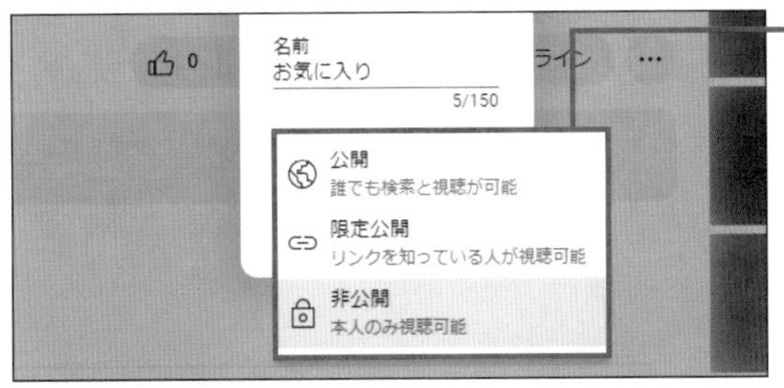

❼ 任意の公開範囲をクリックします。

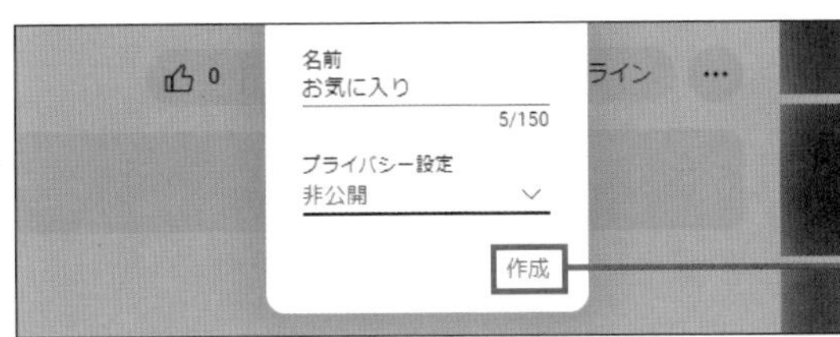

❽ [作成]をクリックします。新しい再生リストが作成され、その中に再生中の動画が追加されます。

既存の再生リストに動画を追加する

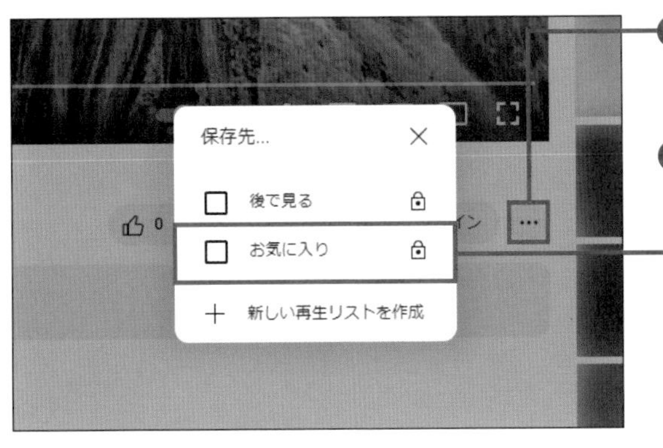

❶ 再生リストに追加したい動画の再生画面を開き、…→[保存]の順にクリックします。

❷ 任意の再生リストをクリックすると表示が□→☑に変わり、動画が指定した再生リストに追加されます。

SECTION 021 YouTubeの基本

再生リストの動画を再生する

新しく作成した再生リストは、ガイドの項目に表示されるようになります。再生リスト内の動画は連続で再生したり、ループ再生したりできます。また、順番をシャッフルして再生することも可能です。

再生リストの動画を再生する

履歴
作成した動画
後で見る
高く評価した動画
お気に入り
折りたたむ
ホントに届く／この量で1000円
ご回答で特別キャンペーン情報をご案内！
ットが1,000円／送料無料
広告・森永製菓

❶任意の画面で左上の≡をクリックして、ガイドを表示します。

❷「ライブラリ」内の開きたい再生リストをクリックします。

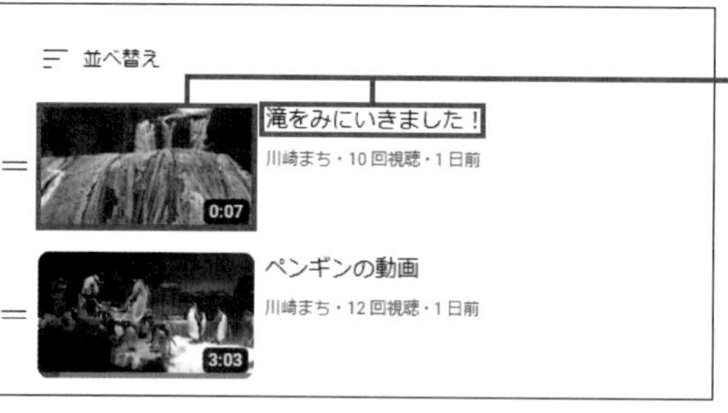

❸作成した再生リストを開くことができます。

❹動画のサムネイルまたはタイトルをクリックすると、動画を再生できます。

COLUMN 再生リストに登録されている動画をすべて再生する

再生リストの説明文の下に表示されている［すべて再生］をクリックすると、再生リストに登録された動画を上から順にすべて再生できます。［シャッフル］をクリックすると、再生リスト内の動画がランダムに再生されます。

022 YouTubeの基本

再生リストの動画を整理する

再生リストでは、リスト内の不要な動画の削除や順序の並べ替えなど、さまざまな整理が可能です。再生リストの並べ替えは手動で行う方法と、人気順、公開日など並び順の設定を変更して行う方法があります。

リスト内の動画を削除する

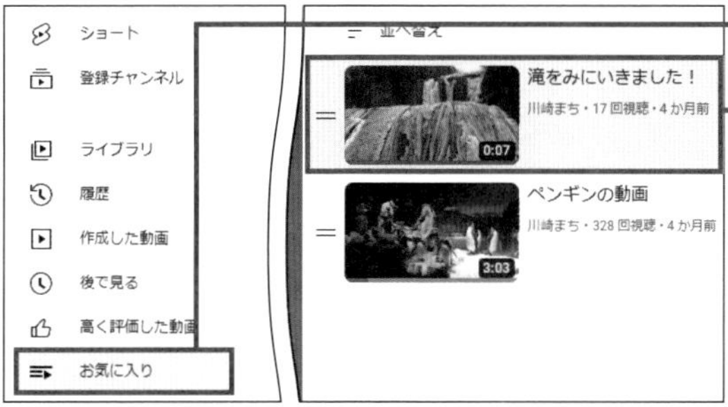

ショート
登録チャンネル
ライブラリ
履歴
作成した動画
後で見る
高く評価した動画
お気に入り

並べ替え
滝をみにいきました！
川崎まち・17 回視聴・4 か月前
0:07
ペンギンの動画
川崎まち・328 回視聴・4 か月前
3:03

❶ガイドの項目から、削除したい動画を含む再生リストをクリックします。

❷削除したい動画にマウスを重ねます。

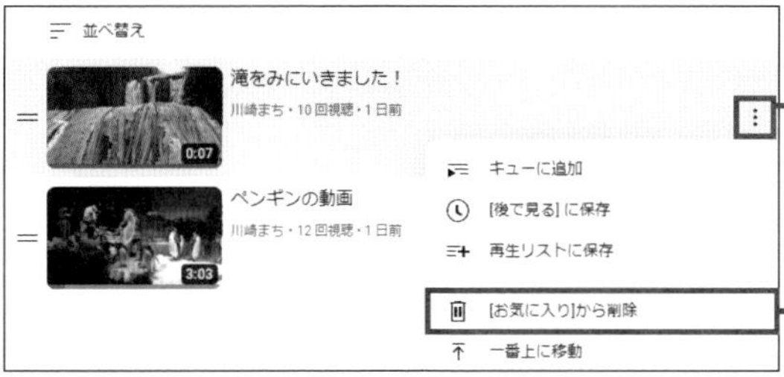

並べ替え
滝をみにいきました！
川崎まち・10 回視聴・1 日前
0:07
ペンギンの動画
川崎まち・12 回視聴・1 日前
3:03
キューに追加
[後で見る] に保存
再生リストに保存
[お気に入り]から削除
一番上に移動

❸表示される ⋮ をクリックします。

❹［〇〇から削除］をクリックします。

並べ替え
ペンギンの動画
川崎まち・12 回視聴・1 日前
3:03

❺選択した動画が再生リストから削除されます。

COLUMN リスト内の動画を並べ替える

再生リスト内の動画の左側に表示されている＝を上下にドラッグすることで、リスト内の動画を並べ替えることができます。

再生リストの公開設定を変更する

再生リストの公開設定は、あとから変更することができます。すべてのユーザーに公開する再生リスト、自分用の再生リストなどを使い分けましょう。再生リストを非公開にした場合、ほかのユーザーが自分のチャンネルを見ても、再生リストが表示されなくなります。

再生リストの公開設定を変更する

❶ Sec.022を参考に、公開設定を変更したい再生リストを表示します。

❷ 現在の公開設定（ここでは［非公開］）をクリックします。

❸ 新たに設定したい公開設定（ここでは［公開］）をクリックします。

❹ 公開設定が変更されます。

COLUMN 非公開と限定公開

限定公開に設定した再生リストは検索結果に表示されなくなりますが、再生リストのURLを知っていればそのページを開くことができます。非公開設定では、検索してもURLを知っていても、そのページを表示することはできません。

024 チャンネルを検索して表示する

YouTubeの基本

YouTubeでは動画の検索だけでなく、チャンネルを検索することもできます。チャンネルを検索する方法には、カテゴリ検索とキーワード検索があります。チャンネルを検索して、お気に入りのコンテンツを見つけましょう。

チャンネルを検索する

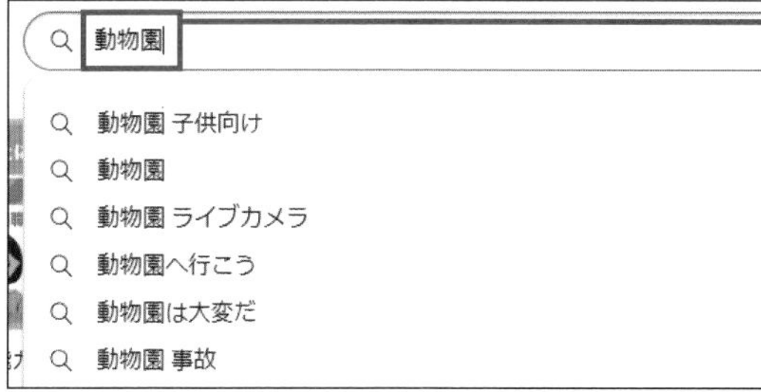

❶画面上部の検索バーに任意のキーワードを入力し、Enterキーを押します。

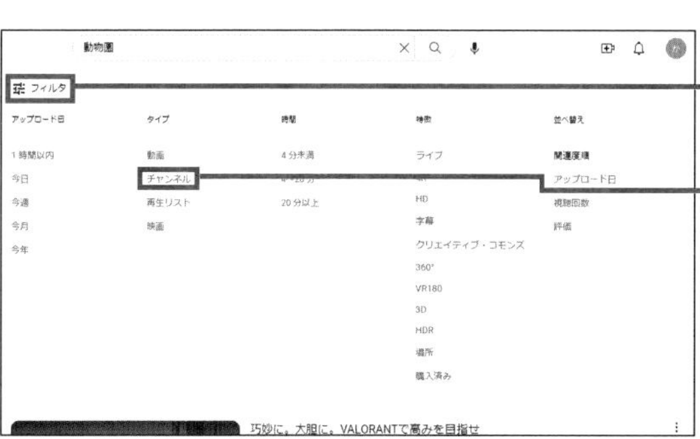

❷検索結果が表示されたら、検索バーの下に表示されている［フィルタ］をクリックし、

❸［チャンネル］をクリックします。

❹キーワードに関連するチャンネルが一覧表示されます。

025 YouTubeの基本

チャンネルを視聴登録する

チャンネルの視聴登録をすることで、自分のお気に入りのコンテンツの情報をいち早く手に入れることができます。チャンネル登録は、チャンネルのトップページから登録する方法と、再生画面から登録する方法があります。

チャンネルのトップページから登録する

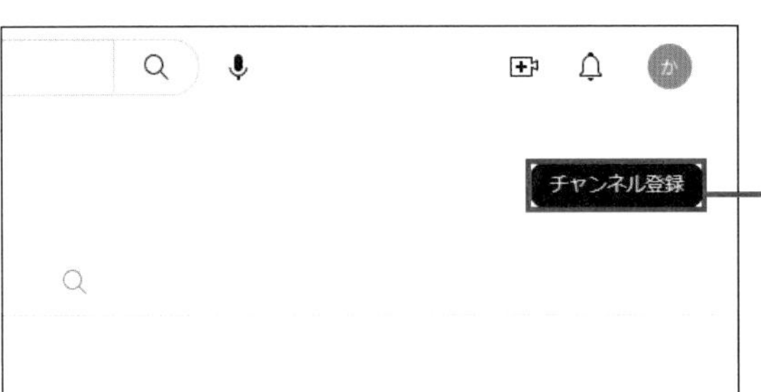

❶ Sec.024の方法で、登録したいチャンネルのトップページを表示します。

❷ ［チャンネル登録］をクリックします。

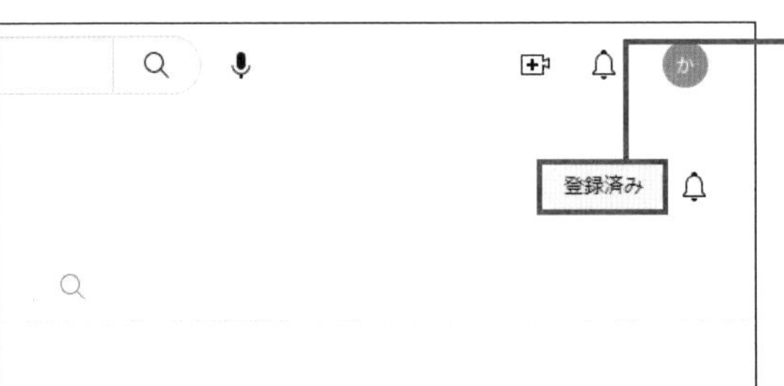

❸ 表示が「登録済み」に変わり、チャンネル登録が完了します。

COLUMN 再生画面から登録する

再生画面から視聴登録をするには、画面下部の［チャンネル登録］をクリックします。チャンネル登録が完了すると、「チャンネル登録」の表示が「登録済み」に変わります。

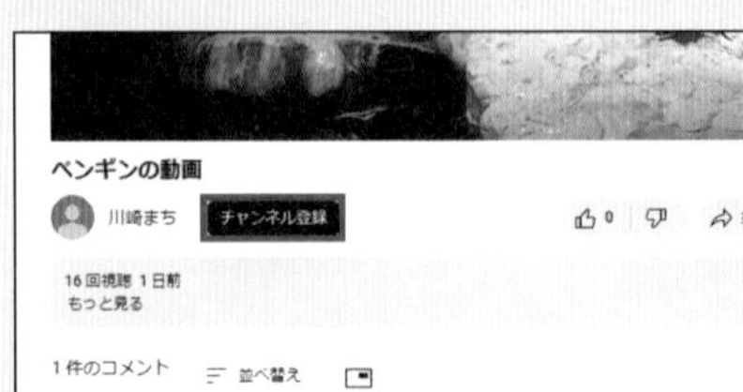

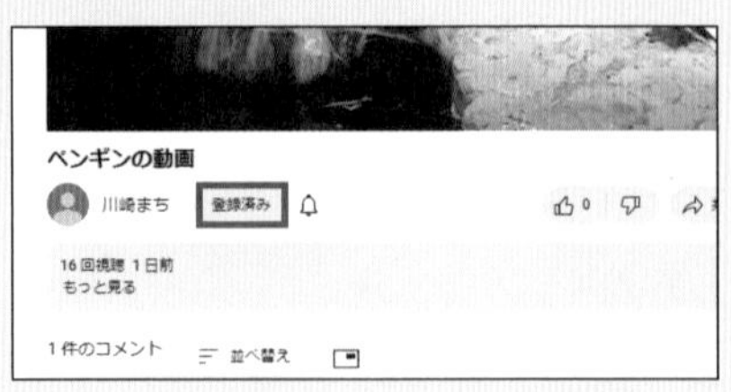

登録したチャンネルを表示する

登録したチャンネルは、YouTubeのトップページからいつでも確認できます。確認するには、画面左側に表示されるガイドの項目内の「登録チャンネル」から、表示したいチャンネルをクリックします。

登録したチャンネルを表示する

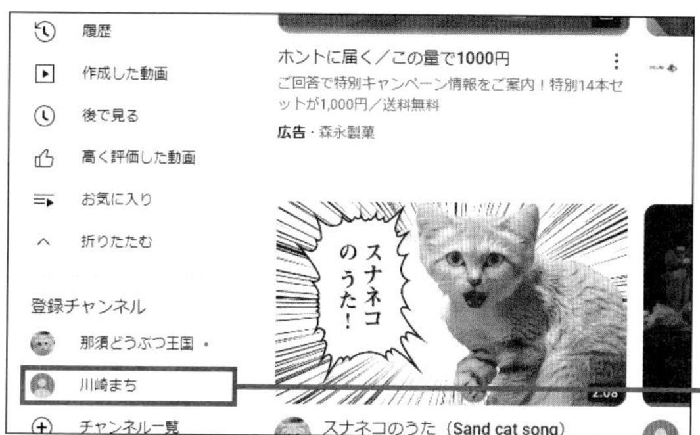

❶ガイドの項目内の「登録チャンネル」の中から、任意のチャンネルをクリックします。

❷登録したチャンネルを開くことができました。

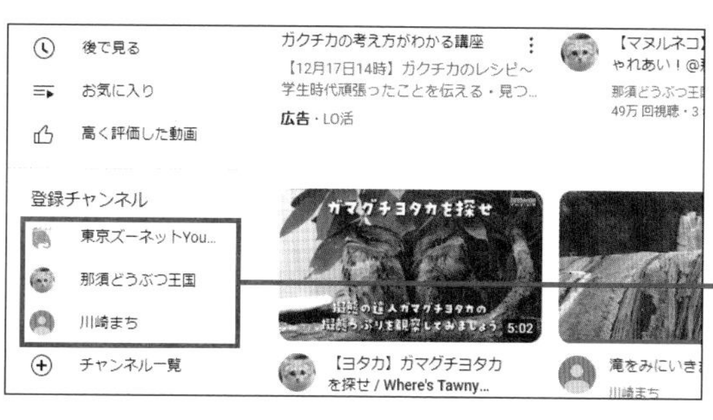

❸複数のチャンネルを登録している場合、チャンネルが一覧として表示されます。

チャンネルの新着動画を見る

登録したチャンネルであれば、登録チャンネルのページからかんたんに新着動画を確認することができます。チャンネルページでは、そのチャンネルのすべての投稿動画を確認することができます。

新着動画を見る

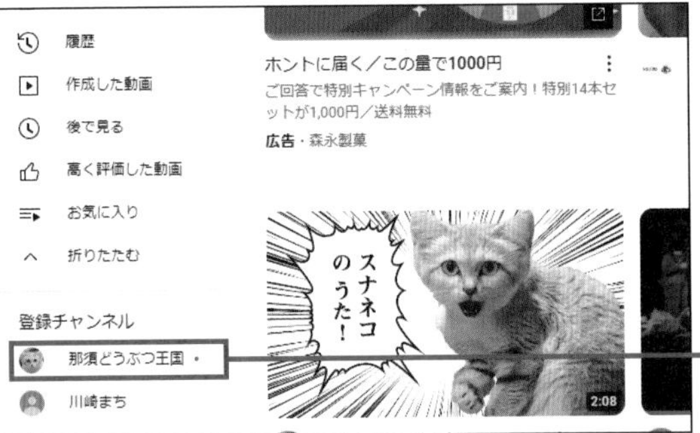

❶ガイドの「登録チャンネル」内から、新着動画を視聴したいチャンネルをクリックします。

❷チャンネルのトップページが開きます。すべての動画を見たい場合は［動画］をクリックします。

❸チャンネルの動画が新着順に表示されます。

❹［人気の動画］をクリックすると、動画が再生回数順に並びます。

SECTION 028 YouTubeの基本

チャンネル内の動画を検索する

チャンネルには、チャンネル内をキーワードで検索する機能があります。チャンネル内検索で指定したキーワードは、タイトル・説明文・動画のタグなど、さまざまな項目に反応します。また、検索結果には動画だけでなく、再生リストも表示されます。

動画をキーワードで検索する

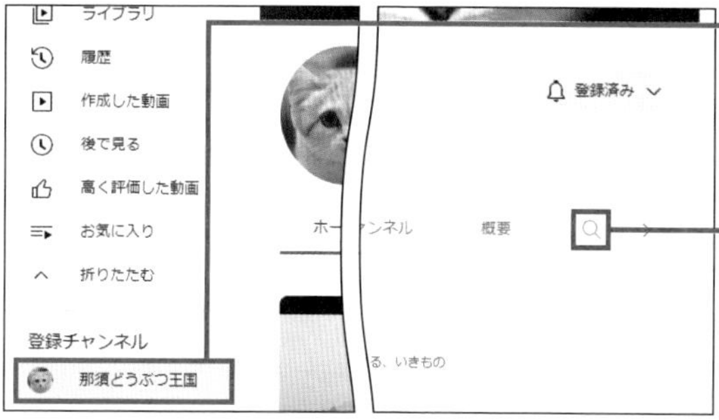

❶ガイドの「登録チャンネル」内から、表示したいチャンネルをクリックし、

❷ 🔍 をクリックします。

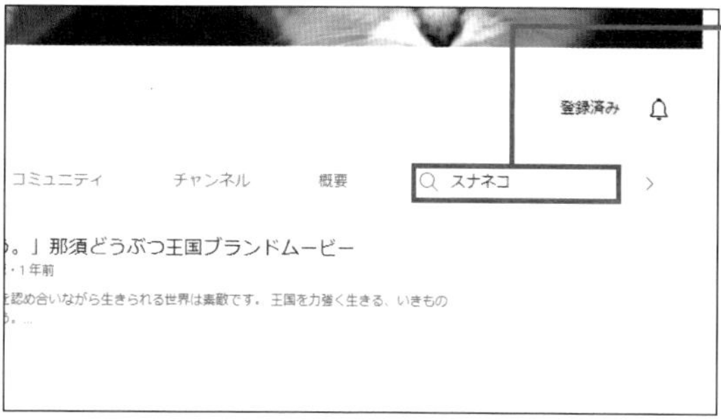

❸キーワードを入力し、Enterキーを押します。

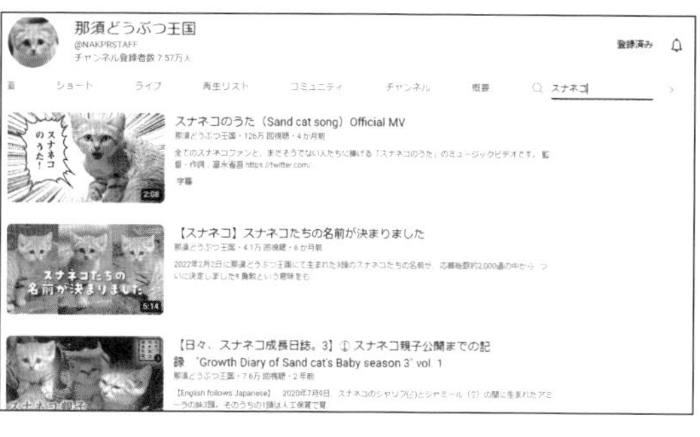

❹キーワードで検索した動画が表示されます。

チャンネルのコミュニティを確認する

チャンネル内には誰でも閲覧可能なコミュニティ投稿があります。コミュニティにはテキストや画像、アンケートなどを投稿でき、視聴者との交流が可能です。投稿されたコミュニティには、評価やコメントをつけることもできます。

コミュニティを確認する

❶コミュニティを確認したいチャンネルを開きます。

❷［コミュニティ］をクリックします。

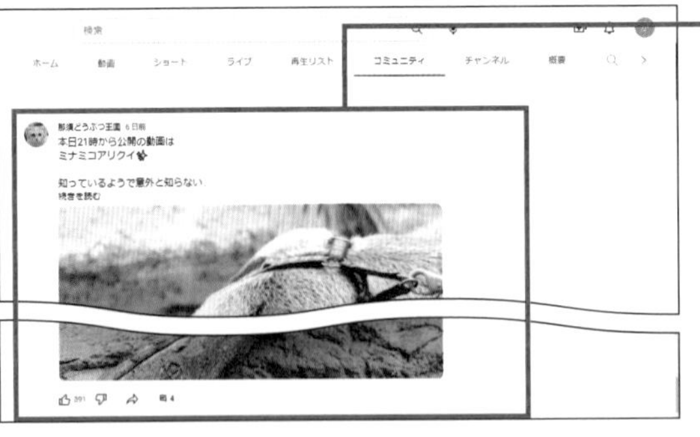

❸チャンネルのコミュニティ投稿を確認できます。

COLUMN コミュニティにコメントを投稿する

コミュニティの▤をクリックすると、コメントを投稿できます。［コメントを追加］にコメントを入力し、［コメント］をクリックします。

030 YouTubeの基本

チャンネル登録を解除する

視聴しなくなったチャンネルは登録を解除できます。チャンネルの登録を解除すると、ガイドや登録チャンネルからもそのチャンネルが削除されます。再度登録したい場合は、視聴履歴などから検索しましょう。

チャンネル登録を解除する

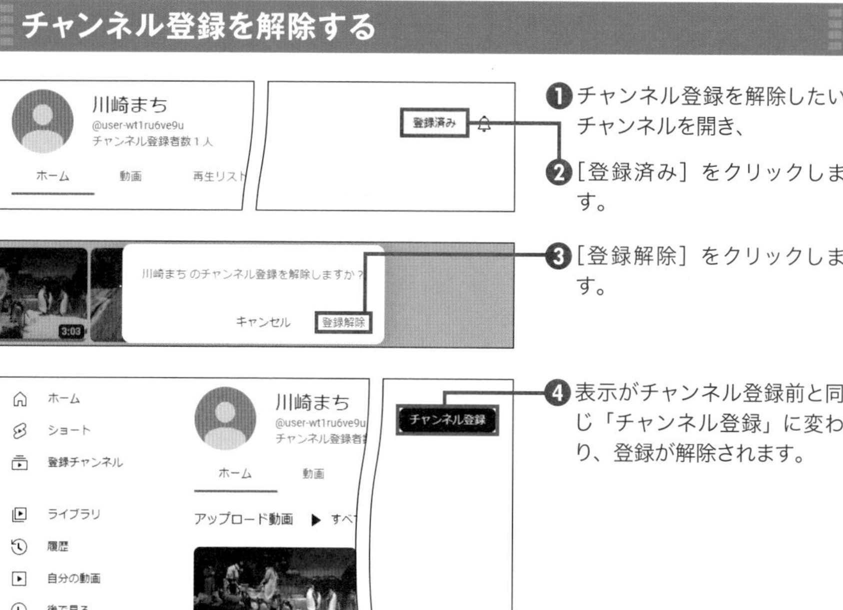

❶チャンネル登録を解除したいチャンネルを開き、

❷［登録済み］をクリックします。

❸［登録解除］をクリックします。

❹表示がチャンネル登録前と同じ「チャンネル登録」に変わり、登録が解除されます。

COLUMN 再生画面でチャンネル登録を解除する

チャンネル登録の解除はそのチャンネルから投稿された動画の再生画面でも可能です。再生画面の下に表示された「登録済み」→［登録解除］の順にクリックすれば解除できます。

031
YouTubeの基本

YouTubeをテレビで見る

YouTubeをテレビで視聴する方法として、Chromecast（クロームキャスト）を使用する方法やスマートフォンから操作する方法などがあります。Chromecastとは、YouTubeの運営元であるGoogle社が販売している端末です。

Chromecastでテレビに接続する

Chromecast をテレビの HDMI 端子に差し込み、電源と接続して、テレビの入力を HDMI に切り替えると、画面に URL が表示されます。スマートフォンのブラウザでテレビ画面に表示された URL を入力して、「Google Home」アプリをインストールします。アプリの指示に従って、Chromecast と Wi-Fi を接続し、スマートフォンから接続することでテレビで YouTube の動画を再生できます。

▲ https://store.google.com/JP/product/chromecast_google_tv?hl=ja

COLUMN Chromecastの設定に必要なものをそろえる

Chromecastの設定にはHDMI端子つきのテレビのほかに、Android・iOS搭載の スマートフォンやタブレットまたはChromeブラウザを利用できるパソコン、そしてWi-Fi環境が必要です。これらのデバイスや環境がない場合、Chromecastは利用できません。

スマートフォンからテレビに接続する

❶スマートフォンでYouTubeの動画を開き、再生画面をタップします。

0:14 / 3:03
ペンギンの動画

❷ をタップします。

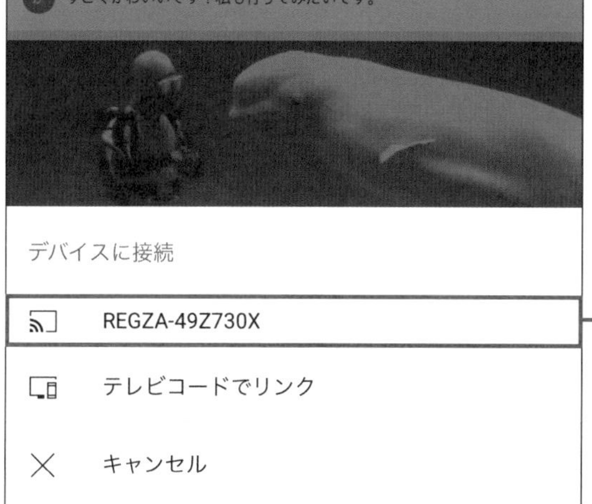

❸接続したい機器名（ここでは[REGZA-49Z730X]）をタップすると、テレビ画面上でYouTube動画が再生されます。

SECTION 032 YouTubeの基本

YouTube Premiumとは

YouTube Premiumとは、YouTubeが提供するサブスクリプションサービスです。広告なしでの動画再生やバックグラウンド再生、動画のオフライン再生、YouTube Music Premiumなどの特典を利用できます。

広告なしで動画を視聴できる「YouTube Premium」

YouTube Premium とは、YouTube が提供する月額 1180 円のサブスクリプションサービスです（ファミリープランは月額 2,280 円、学割プランは月額 680 円）。広告なしでの動画再生や、ほかのアプリの使用中でも再生できる「バックグラウンド再生」、動画を保存して機内モード中などにも再生できる「動画の一時保存」、広告なしで視聴できるミュージックアプリ「YouTube Music Premium」などの特典を利用できます。登録後 1 か月はトライアル期間として「YouTube Premium」を無料体験できるため、試してみるのもよいでしょう。

❶ガイドの「YouTube の他のサービス」内から、[YouTube Premium] をクリックします。

YouTube Premium

広告なしの YouTube と YouTube Music
をオフライン環境やバックグラウンドで再生。

使ってみる（無料）

1 か月間無料トライアル・以降 ¥1,180/月

試用期間が終わる 7 日前にお知らせします
定期請求・いつでもキャンセル可能

または年間プラン、ファミリー プラン、学割プランでさらにお得

❷[使ってみる（無料）] をクリックして、画面の指示に従い、支払い方法を入力します。

第2章

世界に向けて配信！
動画の投稿&
編集テクニック

033 動画の投稿・編集

動画の投稿に必要なものとは

YouTubeの動画投稿には、動画の撮影や編集に利用する機材やソフトと、動画をアップロードするためのインターネット環境が必要です。昨今ではスマートフォンのカメラを利用して動画を撮影したり、アプリでかんたんに編集を行うことができます。

撮影用のカメラや機材

YouTube の動画投稿には、動画を撮影するためのカメラが必要です。通常のビデオカメラのほか、デジタル一眼レフカメラやスマートフォンを使った撮影も一般的になってきました。予算や映像の用途に応じて機材を選びましょう。近年では珍しくなりましたが、ビデオテープに録画するタイプのカメラで撮影する場合、ビデオテープの映像をパソコンに取り込む専用の機材が必要になります。

近年のデジタルカメラであれば、ほとんどの機種に動画を撮影する機能が搭載されています。また、最近ではスマートフォンやタブレットでの撮影も一般的です。そのほかにも、WebカメラやGoProなどのウェアラブルカメラで撮影することもできます。

COLUMN 一眼レフカメラの動画機能

一部の機種を除いて、デジタル一眼レフカメラでは30分未満の動画しか撮影できません。30分以上連続で動画を撮影したい場合は、ビデオカメラを利用することをおすすめします。

パソコンとインターネット環境

撮影した動画を YouTube にアップロードするにはインターネット環境が必要です。文章や写真に比べて、動画はファイルサイズが非常に大きくなってしまうため、定額制の高速回線を利用することをおすすめします。

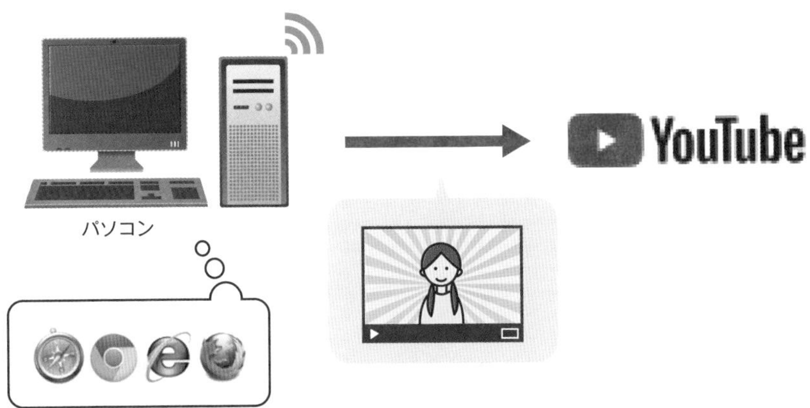

動画編集アプリ

撮影した動画を編集してアップロードする場合、動画編集用のソフトやアプリが必要です。近年は、かんたんな操作でカット編集や初歩的な合成ができるソフトを低コストで利用できるようになりました。無料で利用できるソフトや、YouTube の編集機能を利用して編集する方法もあります（Sec.050 参照）。

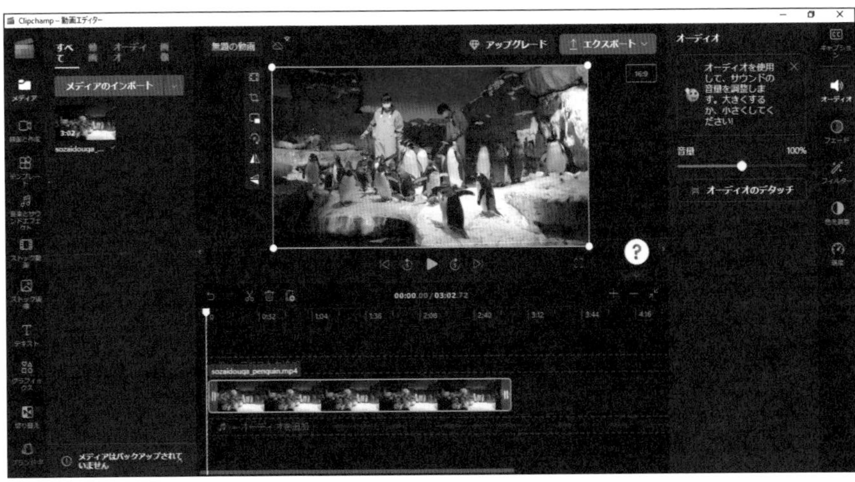

動画を撮影して取り込む

動画の投稿は、①動画の撮影、②動画の編集、③動画の投稿という3つの手順で行うことができます。撮影した動画をそのままアップロードする場合は、編集作業は必要ありません。ここでは、動画の撮影から取り込みまでを解説します。

動画の撮影

動画の撮影には、ビデオカメラやデジタルカメラ、デジタル一眼レフカメラ、スマートフォン、タブレット、Web カメラ、ウェアラブルカメラなど、さまざまな機材を利用できます。ここではそれぞれの特徴を説明していきます。

ビデオカメラ

ビデオ撮影用のカメラです。録画できるメディアがテープ以外のものを「デジタルビデオカメラ」といいます。30 分以上連続で撮影することができ、センサーサイズが小さいためフォーカスが合わせやすいという傾向があります。その反面、立体的な映像を撮るのには不向きとされています。

デジタルカメラ

ビデオカメラと異なり、一部の機種を除いて 30 分以上連続で撮影することができません。高価格帯のデジタル一眼レフカメラであれば、立体感のある非常にきれいな映像を撮影することができます。その反面、フォーカスを合わせ続けるのが難しいという傾向があります。

スマートフォン、タブレット

スマートフォンやタブレットなどの携帯端末でも動画の撮影が可能です。最近の携帯端末は非常に高機能なので、ビデオカメラと遜色のない動画を撮影できます。

三脚

手ブレのない動画を撮影するには、三脚を利用するのがおすすめです。たくさんの種類があり、その価格もさまざまです。予算や用途に合ったものを選びましょう。

動画の取り込み

動画を取り込むには、カメラとパソコンをつなぐ方法や、カードリーダーを利用する方法などがあります。パソコンによってはSDカードリーダーが搭載されているものもあります。

SDカードリーダーが搭載されているパソコンは、SDカードを直接差し込んで動画を取り込むことができます。

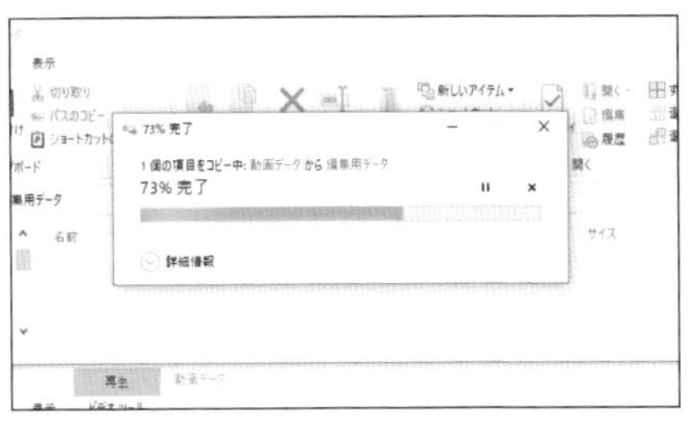

SDカード内の任意のフォルダを開き、映像ファイルをコピーして編集しましょう。

COLUMN USB接続のカードリーダー

パソコンにカードリーダーが搭載されていない場合は、USB接続のカードリーダーを利用します。製品によっては、コンパクトフラッシュカードやMicroSDカードなどさまざまな規格のカードに対応しています。

SECTION 035 動画の投稿・編集

動画を投稿する

実際に、YouTubeに動画を投稿してみましょう。アカウント確認（Sec.006参照）をしていない場合は2GBまでですが、アカウント確認をすると最大256GBまでの動画をアップロードできます。

動画を投稿する

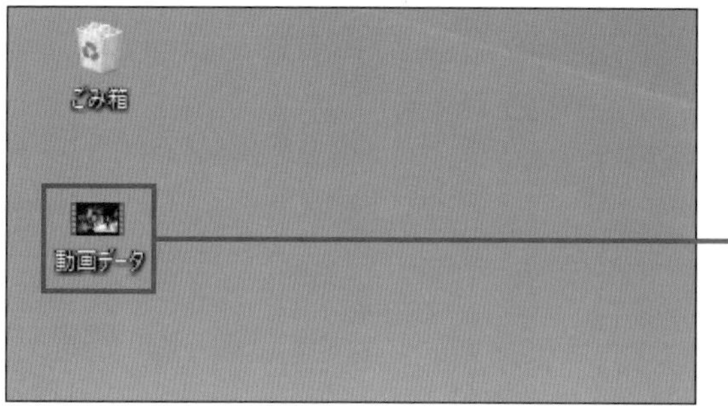

❶撮影した動画をパソコン内に保存します。

❷ここではデスクトップに保存しています。

❸YouTube のトップページを開きます。

❹画面右上に表示される⊞をクリックし、

❺［動画をアップロード］をクリックします。

アップロードする動画ファイルをドラッグ&ドロップします
公開するまで、動画は非公開になります。
ファイルを選択

❻アップロード画面が開きます。

❼［ファイルを選択］をクリックします。

MEMO ほかのアップロード方法

動画ファイルをブラウザ内へドラッグ&ドロップしても、アップロードできます。

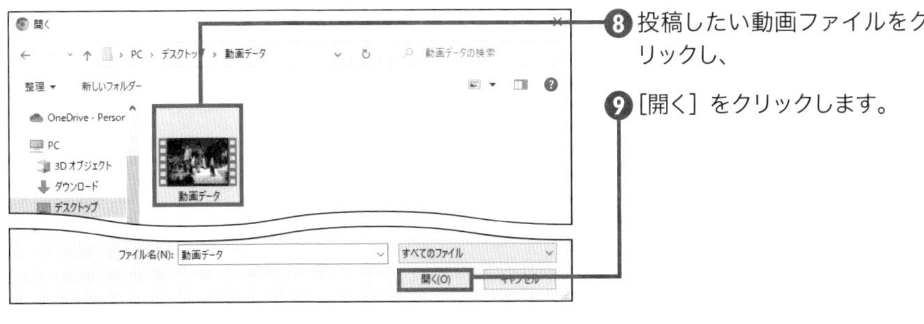

❽投稿したい動画ファイルをクリックし、

❾［開く］をクリックします。

❿動画情報を入力し（Sec.037参照）、

⓫処理が完了したら［次へ］→［次へ］→［次へ］の順にクリックします。利用しているインターネット回線によっては、処理に時間がかかる場合があります。

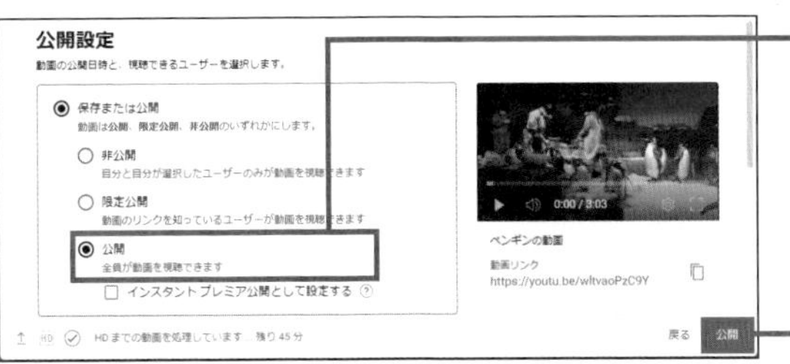

⓬動画を公開する場合は［公開］をクリックして選択し、

⓭［公開］をクリックします。

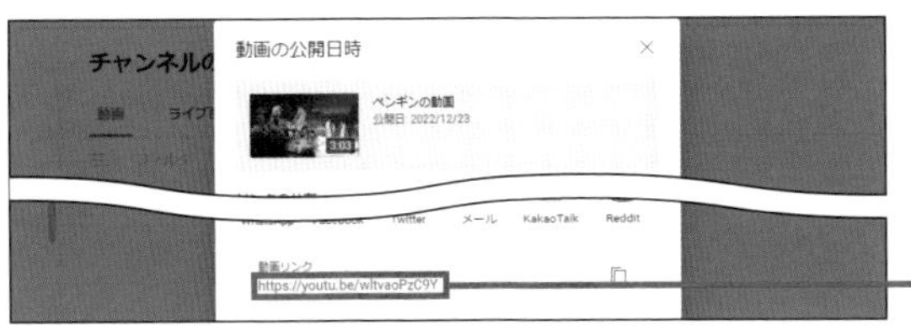

⓮投稿が完了します。

⓯動画のURLはここに表示されます。

COLUMN YouTubeにアップロードできる動画形式

動画ファイルにはさまざまな種類があり、その種類によってファイル容量や画質が異なります。2023年5月時点でYouTubeで利用可能な動画ファイル形式は、MOV、MPEG-1、MPEG-2、MPEG-4、MP4、MPG、AVI、WMV、MPEGPS、FLV、3GPP、WebM、DNxHR、ProRes、CineForm、HEVC（h265）の16種類です。

036 動画の管理画面を表示する

動画の投稿・編集

動画を投稿できたら、投稿した動画の管理画面を開いてみましょう。管理画面では動画の公開設定やタイトル、説明文、タグなどの各種設定の変更や追加ができます。動画を投稿していくのであれば、管理画面の操作は必ず覚えておきましょう。

動画の管理画面を表示する

❶ YouTube のトップページを開きます。

❷ 画面左側のガイドの項目から、［作成した動画］をクリックします。

❸ YouTube Studio が開き、動画の管理画面が表示されます。

動画のサムネイルをクリックすると、動画の詳細が表示されます。

COLUMN プロフィールボタンからYouTube Studioを開く

画面右上のプロフィールボタンをクリックし、［YouTube Studio］をクリックすることでもYouTube Studioを開くことができます。

037 動画の説明文やタグを設定する

動画の投稿・編集

投稿した動画には、動画の説明文やタグを設定できます。動画の説明文やタグは、視聴者が動画を検索した際の結果に影響します。的確な説明文やタグを設定し、動画の再生数を伸ばしていきましょう。

説明文を設定する

❶ガイドの項目から［作成した動画］をクリックします。

❷説明文の設定・編集を行いたい動画のサムネイルをクリックします。

❸「動画の詳細」画面で動画の説明文を入力します。

❹内容に間違いがなければ、［保存］をクリックします。

タグを設定する

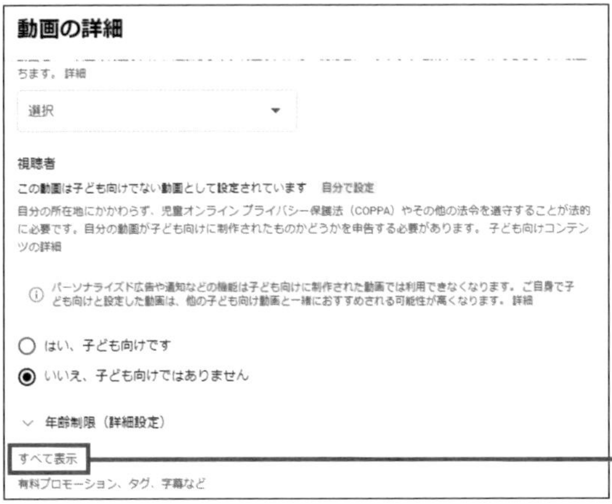

動画の詳細

ちます。詳細

選択

視聴者

この動画は子ども向けでない動画として設定されています　自分で設定

自分の所在地にかかわらず、児童オンライン プライバシー保護法（COPPA）やその他の法令を遵守することが法的に必要です。自分の動画が子ども向けに制作されたものかどうかを申告する必要があります。子ども向けコンテンツの詳細

パーソナライズド広告や通知などの機能は子ども向けに制作された動画では利用できなくなります。ご自身で子ども向けと設定した動画は、他の子ども向け動画と一緒におすすめされる可能性が高くなります。詳細

はい、子ども向けです

いいえ、子ども向けではありません

年齢制限（詳細設定）

すべて表示

有料プロモーション、タグ、字幕など

❶ P.065手順❶を参考に、「動画の詳細」画面を表示します。

❷ 画面を下方向にスクロールし、[すべて表示] をクリックします。

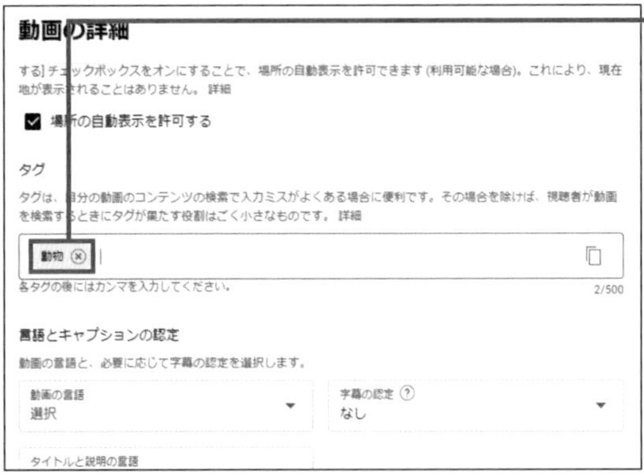

動画の詳細

する] チェックボックスをオンにすることで、場所の自動表示を許可できます (利用可能な場合)。これにより、現在地が表示されることはありません。詳細

場所の自動表示を許可する

タグ

タグは、自分の動画のコンテンツの検索で入力ミスがよくある場合に便利です。その場合を除けば、視聴者が動画を検索するときにタグが果たす役割はごく小さなものです。詳細

動物

各タグの後にはカンマを入力してください。　2/500

言語とキャプションの認定

動画の言語と、必要に応じて字幕の認定を選択します。

動画の言語　選択

字幕の認定　なし

タイトルと説明の言語

❸「タグ」に、追加したいタグを入力します。

❹ Enter キーを押すと、次のタグを入力できます。

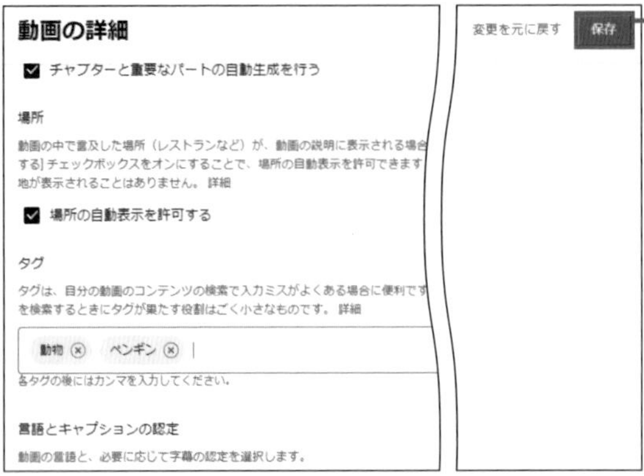

動画の詳細

チャプターと重要なパートの自動生成を行う

場所

動画の中で言及した場所（レストランなど）が、動画の説明に表示される場合

する] チェックボックスをオンにすることで、場所の自動表示を許可できます

地が表示されることはありません。詳細

場所の自動表示を許可する

タグ

タグは、自分の動画のコンテンツの検索で入力ミスがよくある場合に便利です

を検索するときにタグが果たす役割はごく小さなものです。詳細

動物　ペンギン

各タグの後にはカンマを入力してください。

言語とキャプションの認定

動画の言語と、必要に応じて字幕の認定を選択します。

変更を元に戻す　保存

❺ 内容に間違いがなければ、[保存] をクリックします。

詳細なメタデータを設定する

投稿した動画には、説明文やタグのほかにメタデータを設定できます。メタデータとは、動画のカテゴリや撮影場所、撮影日などの付帯情報のことです。メタデータも動画のタイトル、説明文、タグなどと同じように、視聴者の検索時に影響が出ます。

詳細なメタデータを設定する

動画の詳細
ちます。詳細
選択
年齢制限（詳細設定）
すべて表示
有料プロモーション、タグ、字幕など

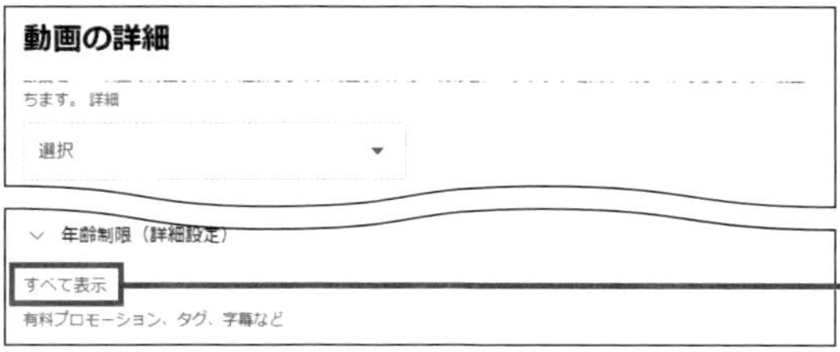

❶ P.065手順❶を参考に、「動画の詳細」画面を開きます。

❷ ［すべて表示］をクリックします。

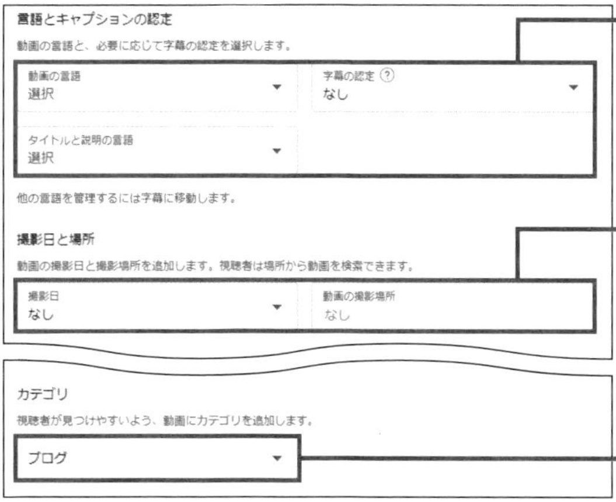

言語とキャプションの認定
動画の言語と、必要に応じて字幕の認定を選択します。
動画の言語 選択
字幕の認定 なし
タイトルと説明の言語 選択
他の言語を管理するには字幕に移動します。
撮影日と場所
動画の撮影日と撮影場所を追加します。視聴者は場所から動画を検索できます。
撮影日 なし
動画の撮影場所 なし
カテゴリ
視聴者が見つけやすいよう、動画にカテゴリを追加します。
ブログ

❸ 動画の言語と字幕の認定を選択します。

❹ 撮影日と撮影場所を設定することができます。撮影場所を入力して、表示される住所を選択します。

❺「カテゴリ」の設定を行います。一覧の中から、投稿動画にいちばん近いカテゴリを選択しましょう。

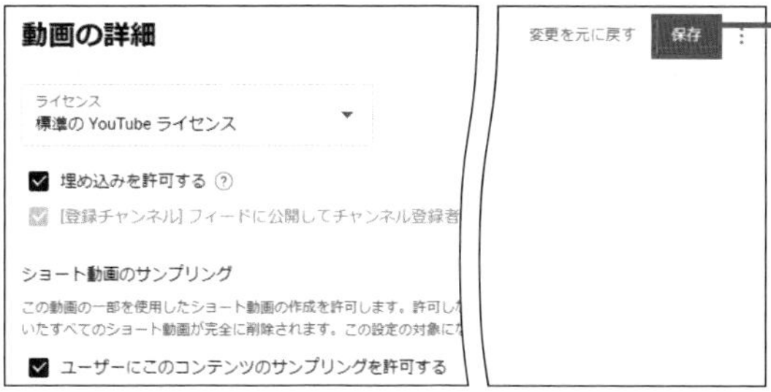

動画の詳細
ライセンス
標準の YouTube ライセンス
埋め込みを許可する
［登録チャンネル］フィードに公開してチャンネル登録者
ショート動画のサンプリング
この動画の一部を使用したショート動画の作成を許可します。許可し
いたすべてのショート動画が完全に削除されます。この設定の対象に
ユーザーにこのコンテンツのサンプリングを許可する
変更を元に戻す 保存

❻ 内容に間違いがなければ、［保存］をクリックします。

039 動画の投稿・編集 動画のサムネイルを変更する

投稿した動画にはサムネイルを設定できます。サムネイルとは、動画の見出しで表示される小さな画像のことです。ここでは、動画から自動で作成されたキャプション画像からサムネイルを選択する方法を紹介します。

自動作成された画像から設定する

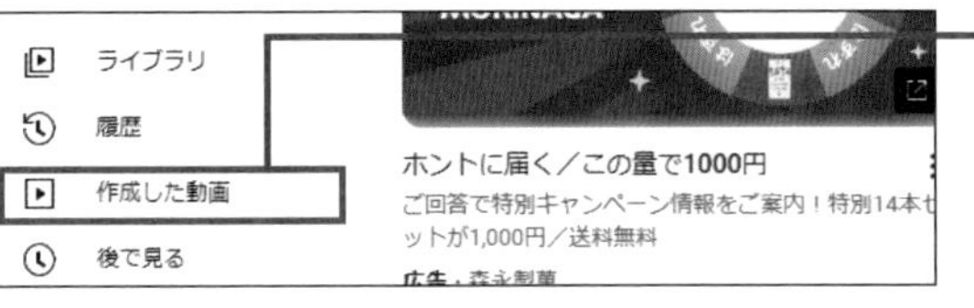

❶ガイドの項目から［作成した動画］をクリックします。

❷サムネイルを変更したい動画のサムネイルをクリックします。

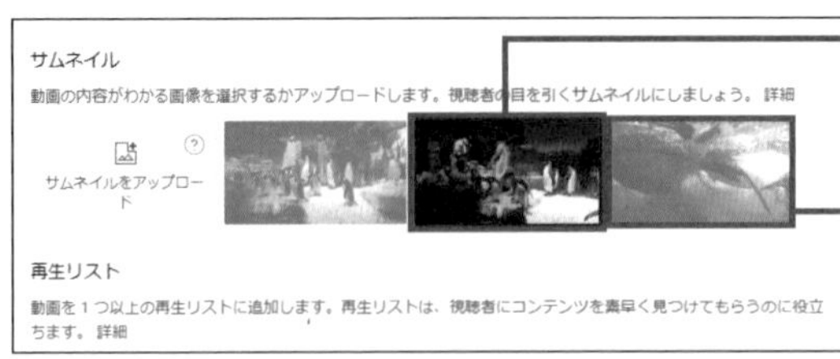

❸現在サムネイルに設定されている画像は、黒色の枠で囲まれています。

❹新しく設定したいサムネイルをクリックします。

❺［保存］をクリックします。

040 自分のオリジナルサムネイルを設定する

動画の投稿・編集

投稿した動画のサムネイルは、動画内のキャプション画像を自動で取得して表示する方法のほかに、オリジナルの画像を設定することもできます。自分であらかじめ用意した画像をサムネイルに設定してみましょう。

任意の画像をサムネイルに設定する

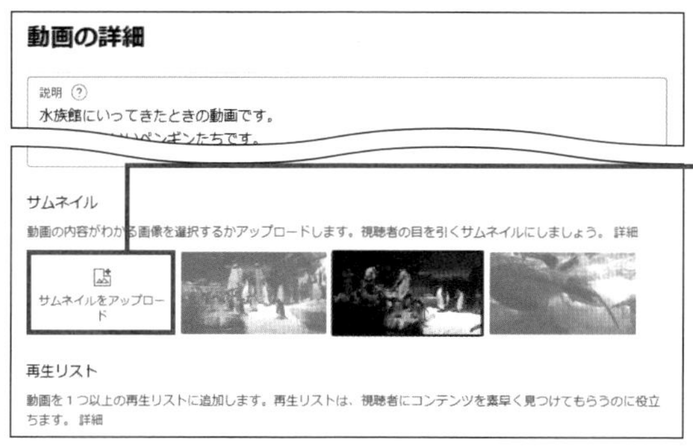

❶ P.065手順❶～❷を参考に、動画の「動画の詳細」画面を開きます。

❷［サムネイルをアップロード］をクリックします。

MEMO アカウント確認

カスタムサムネイルを利用するには、アカウント確認（Sec.006参照）を済ませる必要があります。

開く
PC › デスクトップ › 動画データ
動画データの検索
整理 ▾ 新しいフォルダー
OneDrive - Persor
PC
3D オブジェクト
ダウンロード
デスクトップ
サムネイル画像
ファイル名(N): サムネイル画像
カスタム ファイル
開く(O) キャンセル

❸ サムネイルにしたい画像ファイルを選択し、

❹［開く］をクリックします。

❺ 選択した画像がアップロードされます。

❻［保存］をクリックします。

041 「カード」を設定する

動画の投稿・編集

YouTubeには、動画の再生中に視聴者へ情報を表示できる「カード」という機能が用意されています。カードを利用すると、ほかの動画やチャンネルの紹介、YouTubeの承認を得たWebサイトへのリンクの表示などができます。

カードとは

「カード」とは、投稿者から動画を見ているユーザーに向けて情報を表示できる機能です。カードは動画の再生中に好きなタイミングで表示させることができ、ほかのチャンネルや再生リストの宣伝、アンケートの実施ができます。また、YouTube の外部リンクの利用規約に同意すれば、YouTube 承認の Web ショップやクラウドファンディングサイトへのリンクや、事前に登録した URL へのリンクを貼ることもできます。

カードを設定すると、指定した時間にポップアップが表示されます。

ポップアップをクリックすると、カードが表示されます。1つの動画につき、最大で5つまでのカードを設定できます。

カードの種類

カードには「動画」、「再生リスト」、「チャンネル」、「リンク」の4種類があります。ここではそれぞれのカードの効果を説明します。

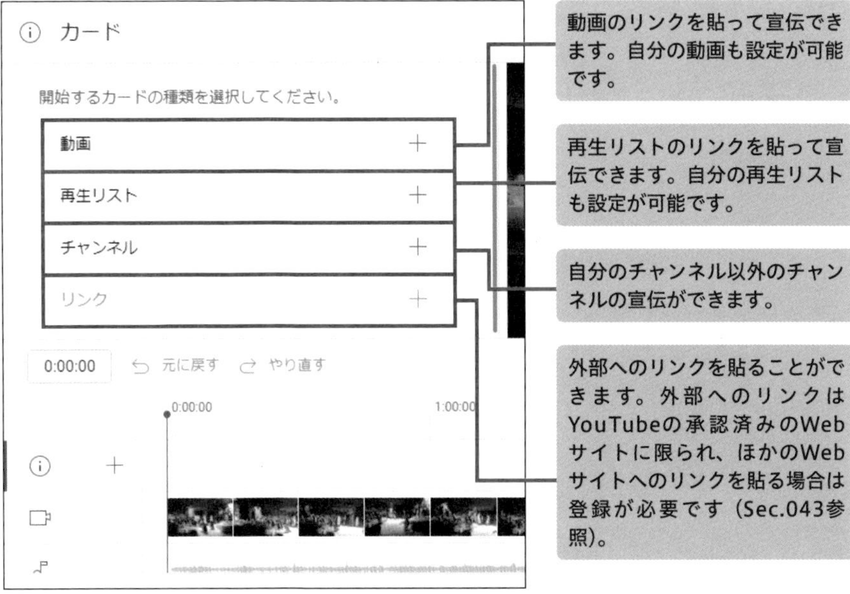

動画のリンクを貼って宣伝できます。自分の動画も設定が可能です。

再生リストのリンクを貼って宣伝できます。自分の再生リストも設定が可能です。

自分のチャンネル以外のチャンネルの宣伝ができます。

外部へのリンクを貼ることができます。外部へのリンクはYouTubeの承認済みのWebサイトに限られ、ほかのWebサイトへのリンクを貼る場合は登録が必要です（Sec.043参照）。

カードで動画を宣伝する

❶ガイドの項目から［作成した動画］をクリックします。

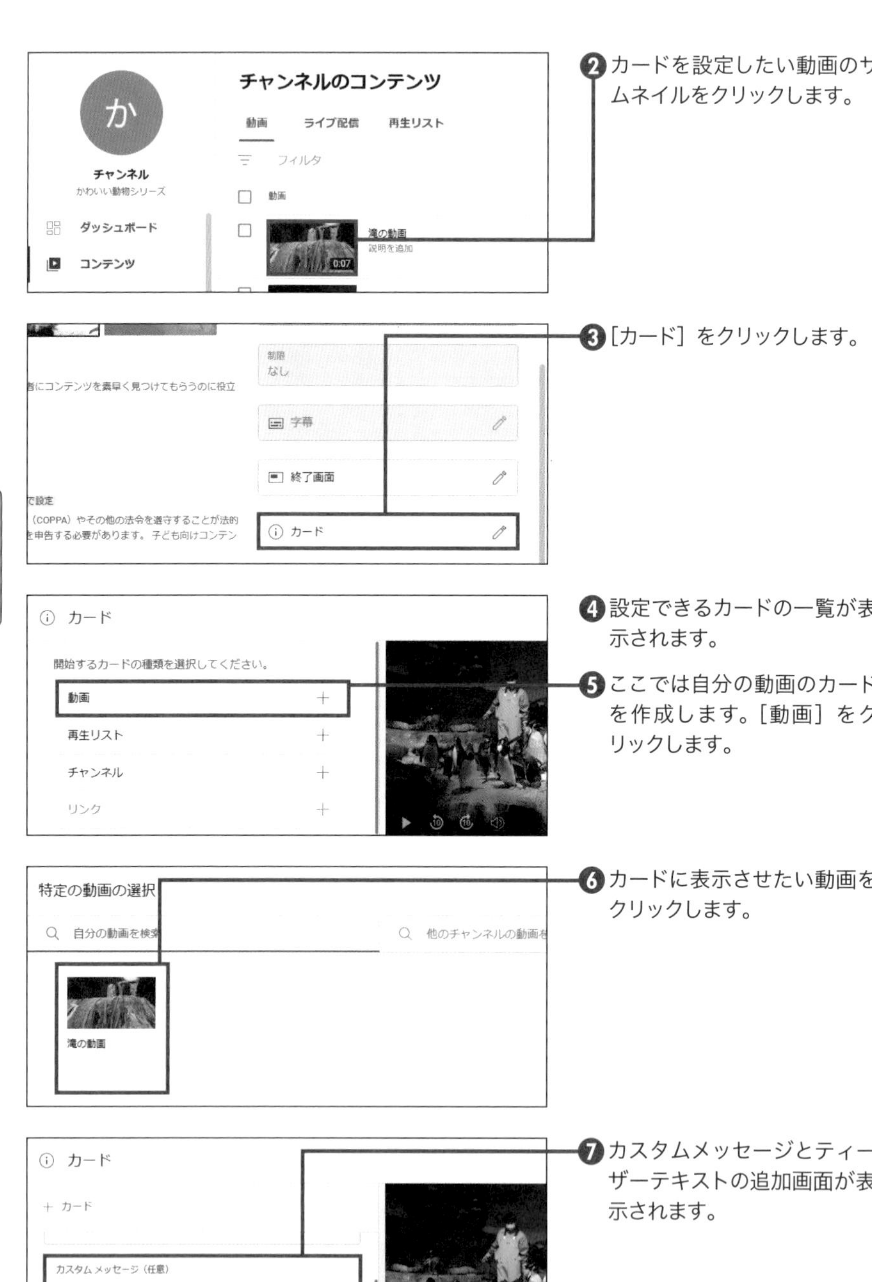

❷カードを設定したい動画のサムネイルをクリックします。

❸［カード］をクリックします。

❹設定できるカードの一覧が表示されます。

❺ここでは自分の動画のカードを作成します。［動画］をクリックします。

❻カードに表示させたい動画をクリックします。

❼カスタムメッセージとティーザーテキストの追加画面が表示されます。

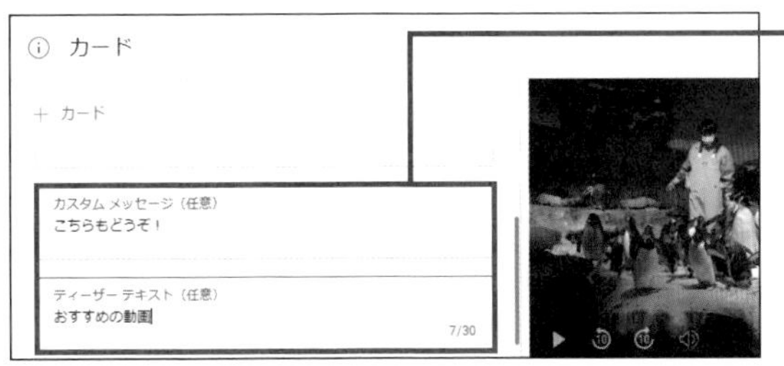

❽任意のテキストを入力し、

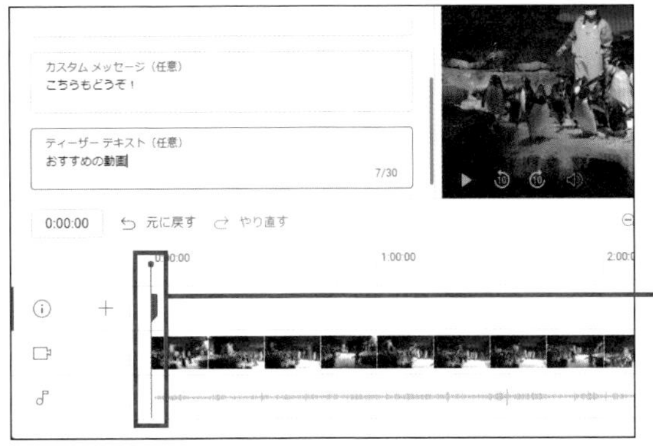

❾カードが表示される時間を設定します。

❿カードの位置を移動する場合は、ここをドラッグします。

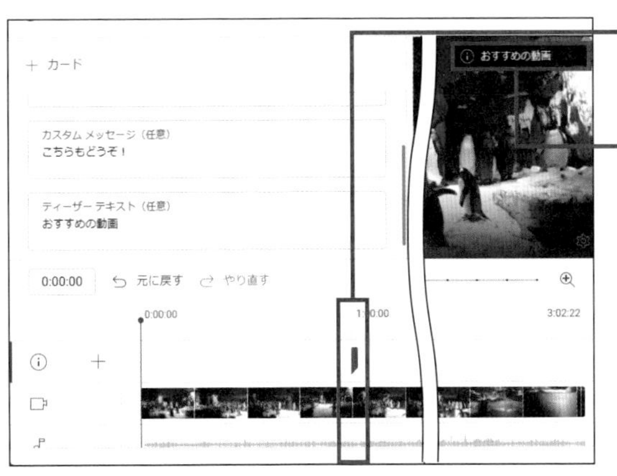

⓫カードの位置が「1:00」に移動しました。

ティーザーテキストはここに表示されます。

カスタムメッセージは、ポップアップをクリックすると表示されるカードに表示されます。

COLUMN カードの編集と削除

設定したカードを編集するには、カードの右側に表示されている✎をクリックします。また、編集画面の🗑をクリックすると、設定したカードを削除できます。

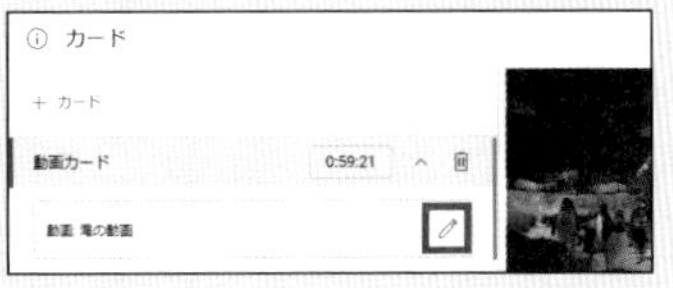

第1章

第2章 動画の投稿・編集

第3章

第4章

042 「終了画面」を設定する

動画の投稿・編集

YouTubeでは動画の最後の20秒に要素を追加できる「終了画面」という機能があります。終了画面を利用することで、自分のチャンネルへの登録を促したり、おすすめ動画へ誘導したりできます。終了画面を上手に利用して、効果的にプロモーションを行いましょう。

終了画面とは

YouTube では動画の最後の部分に、最長 20 秒の宣伝動画を流すことができる「終了画面」機能があります。終了画面を設定すれば、自分のチャンネルへの登録を終了画面内で促したり、別のおすすめ動画を表示したりできます。廃止となったアノテーション機能ではパソコンからしかその効果を見ることができませんでしたが、終了画面はモバイル端末でも表示されるため、自分のチャンネルのプロモーションやおすすめ動画へと効率的に誘導できます。

動画の最後の20秒間の中で、自分のおすすめ動画やチャンネル登録ボタンを設置できます。

終了画面を１つ設定すると、ほかの動画でもその終了画面をインポートできます。完結でわかりやすい終了画面を作成することを心がけましょう。

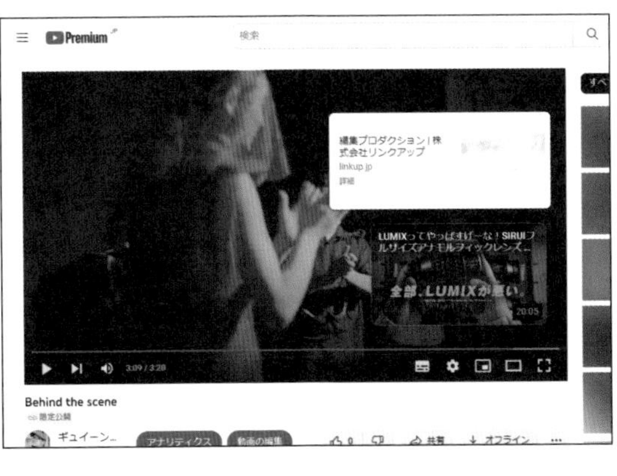

カードと同様に、終了画面でも自分のWebサイトなどの宣伝ができます。

終了画面の要素

終了画面の要素には「動画」、「再生リスト」、「登録」、「チャンネル」、「リンク」の５種類があります。ここではそれぞれの要素について説明します。

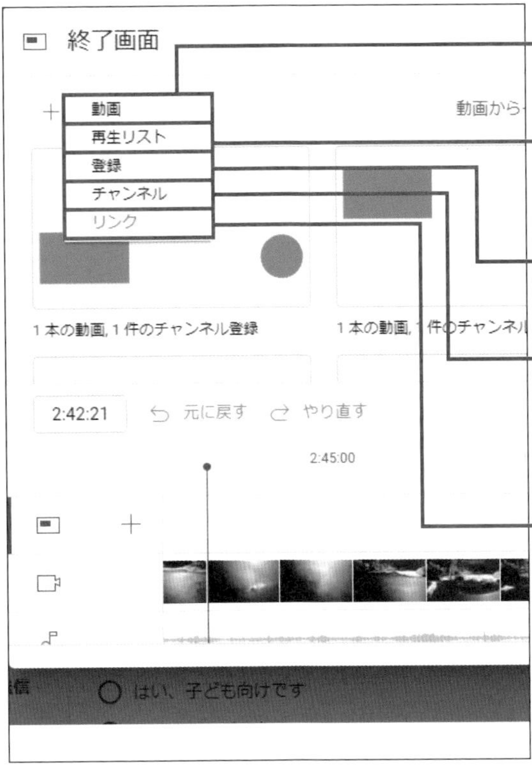

終了画面
動画
再生リスト
登録
チャンネル
リンク

動画のリンクを貼って宣伝できます。自分の動画も設定が可能です。

再生リストのリンクを貼って宣伝できます。

自分のチャンネルの登録をおすすめできます。

自分のチャンネル以外のチャンネルを宣伝できます。

外部へのリンクを貼ることができます。外部へのリンクはYouTubeの承認済みのWebサイトに限られ、ほかのWebサイトへのリンクを貼る場合は登録が必要です（Sec.043参照）。

終了画面で動画を宣伝する

❶ガイドの項目から［作成した動画］をクリックします。

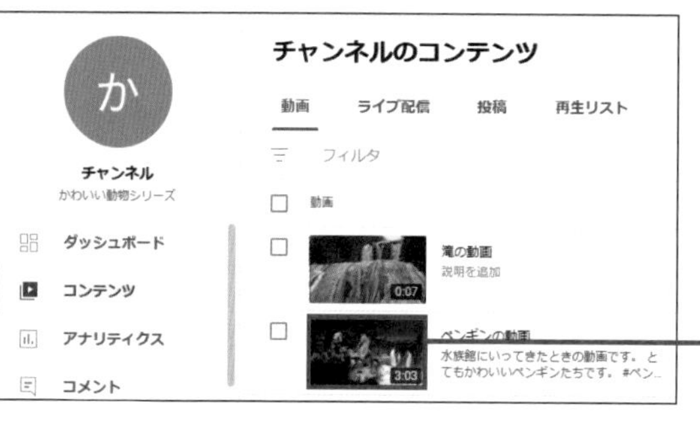

❷終了画面を設定したい動画のサムネイルをクリックします。

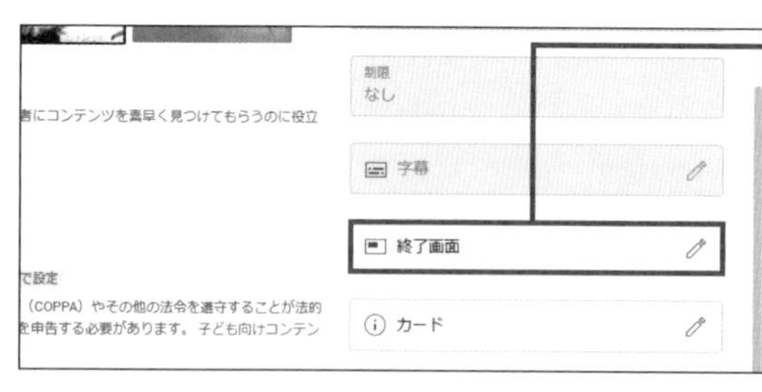

❸［終了画面］をクリックします。

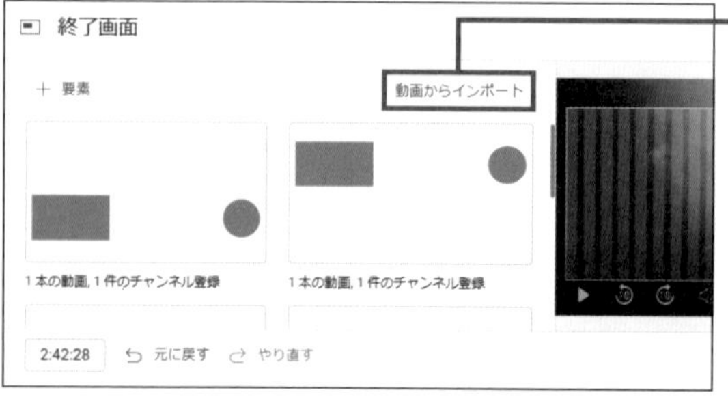

❹任意の要素（ここでは［動画からインポート］）をクリックします。

第1章
第2章 動画の投稿・編集
第3章
第4章

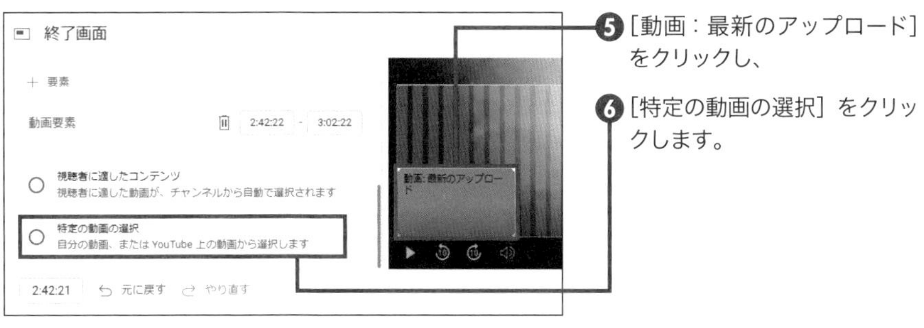

❺［動画：最新のアップロード］をクリックし、

❻［特定の動画の選択］をクリックします。

❼終了画面に表示させたい動画をクリックします。

MEMO 位置や大きさを変更する

追加した動画の中央や角をドラッグすると、位置や大きさを変更できます。

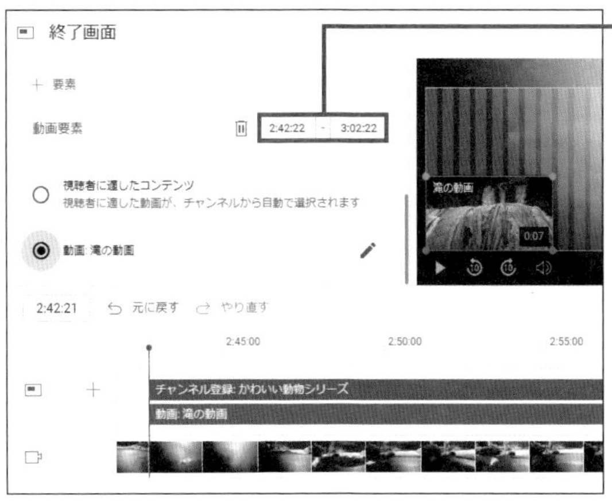

❽時間を入力することで、要素を表示するタイミングを変更できます。

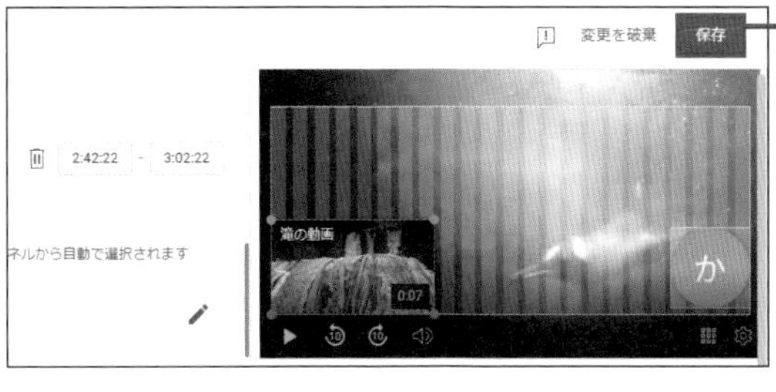

❾問題がなければ、［保存］をクリックします。

043 動画の投稿・編集
「カード」や「終了画面」に自分のWebサイトへのリンクを貼る

カードや終了画面には、外部サイトのリンクを貼ることができます。自分のWebサイトを持っている場合は活用しましょう。なお、リンクを貼るためにはYouTubeパートナープログラムに参加している必要があります。

自分のWebサイトを承認する

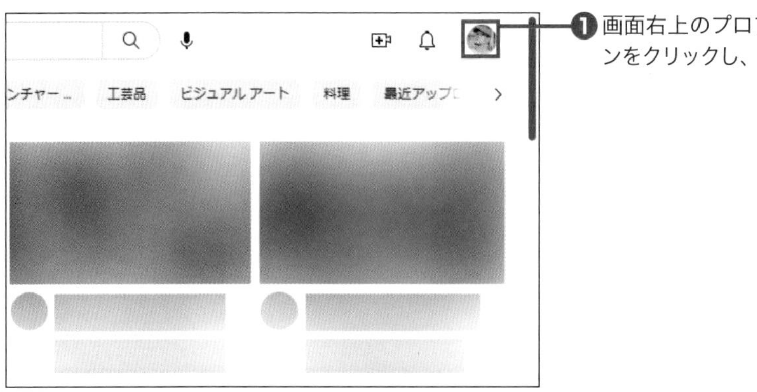

❶画面右上のプロフィールボタンをクリックし、

❷[YouTube Studio]をクリックします。

❸［コンテンツ］をクリックし、

❹Web サイトのリンクを貼りたい動画をクリックします。

❺画面を下方向にスクロールし、ここでは、［終了画面］をクリックします。

❻［要素］をクリックします。

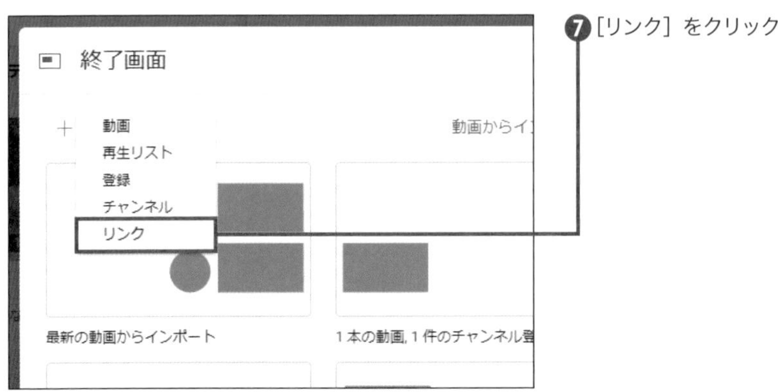

❼ [リンク] をクリックします。

❽ リンク先の Web サイトの URL を入力し、

❾ [適用] をクリックします。

❿ 動画を再生すると、Web サイトが表示されることを確認できます。

COLUMN リンクを貼る際の注意点

ポルノ、ヘイト、不正なソフトウェアをインストールするなど、WebサイトのリンクにYouTube規約に違反する内容が含まれていないか確認しましょう。違反がある場合、リンクの削除や違反警告、Googleアカウントの停止などの処置がとられる可能性があります。

第1章
第2章 動画の投稿・編集
第3章
第4章

「行動を促すフレーズ」を設定する

❶「終了画面」の編集画面を表示し、

❷［行動を促すフレーズ］をクリックします。

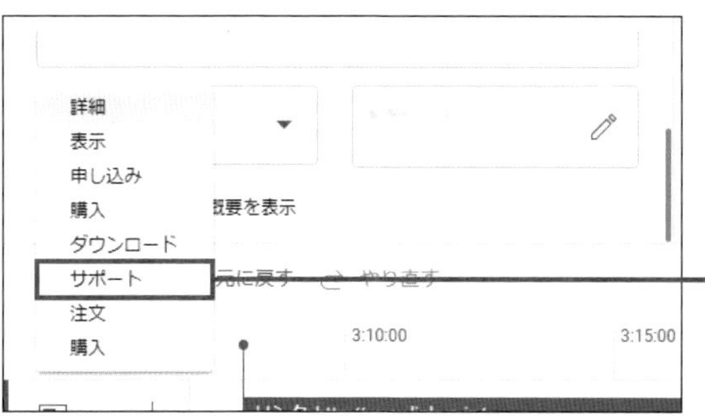

❸任意のフレーズ（ここでは［サポート］）をクリックして選択します。

❹動画を再生すると、フレーズが変更されていることを確認できます。

COLUMN Webサイトのサムネイルを変更する

手順❶の画面で✎→［ファイルを選択］の順にクリックして、任意の画像を選択し、［適用］をクリックすると、Webサイトのサムネイルを設定できます。初期設定ではWebサイトの画像からサムネイルが選択されています。

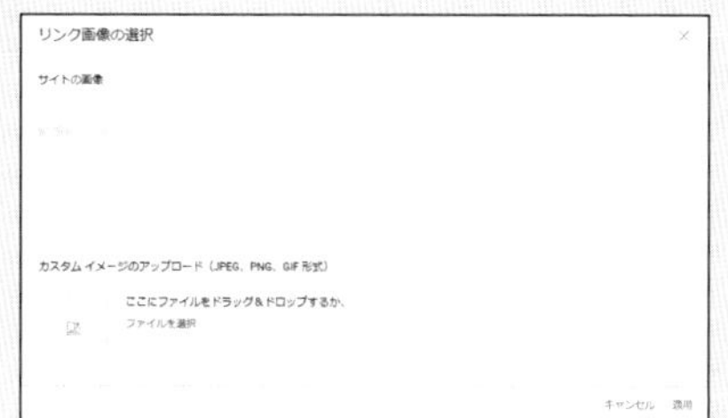

044 動画の投稿・編集 投稿動画を再生リストにまとめる

投稿動画を再生リストにまとめてみましょう。ジャンルやシリーズごとにまとめて公開することで、視聴者が興味のある動画を探しやすくなり、視聴数やチャンネルの登録数、リストの追加数を伸ばすことができるでしょう。

投稿動画を再生リストにまとめる

❶リストにまとめたい投稿動画を開き、公開設定のリストに追加します。リストの作成方法については、Sec.020を参照してください。

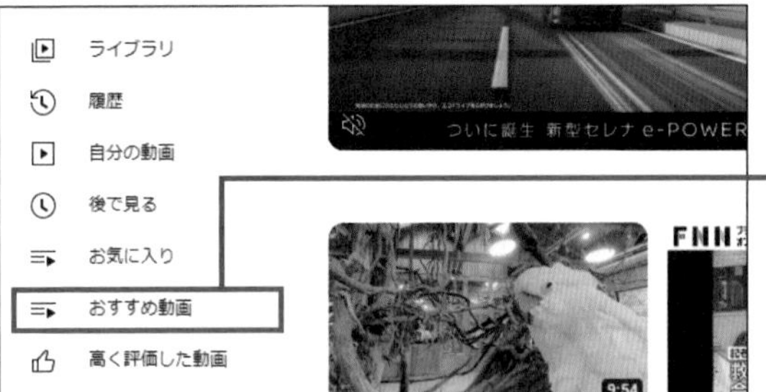

❷作成したリストは、YouTubeホーム画面左側「ライブラリ」内に表示されます。

❸作成した再生リストをクリックすると、

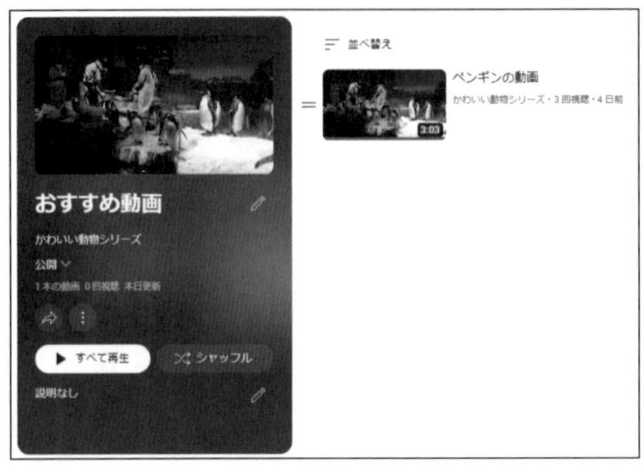

❹再生リストの内容を確認できます。

> **MEMO ジャンルやシリーズで分ける**
>
> 公開設定されたリストは誰でも見ることが可能です。視聴者の立場になってジャンル分けやシリーズ分けを行い、より多くの人に見てもらえるようにしましょう。

045 投稿動画を再生リストに追加する

動画の投稿・編集

再生リストの設定画面から、自分で投稿した動画を再生リストに追加できます。複数の動画をまとめて再生リストに追加することも可能です。自分で投稿した動画ではない場合は、動画を検索して追加しましょう。

再生リストに投稿動画を追加する

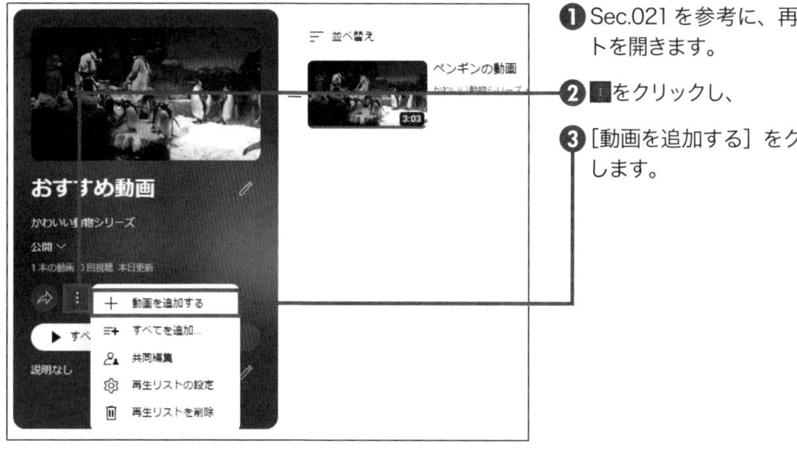

❶ Sec.021 を参考に、再生リストを開きます。

❷ ⋮をクリックし、

❸［動画を追加する］をクリックします。

再生リストへの動画の追加

動画検索　URL　あなたの YouTube 動画

YouTube

動画を検索するには、上のボックスに検索キーワードを入力します。

動画を追加　キャンセル

❹［あなたの YouTube 動画］をクリックします。

第1章　第2章 動画の投稿・編集　第3章　第4章

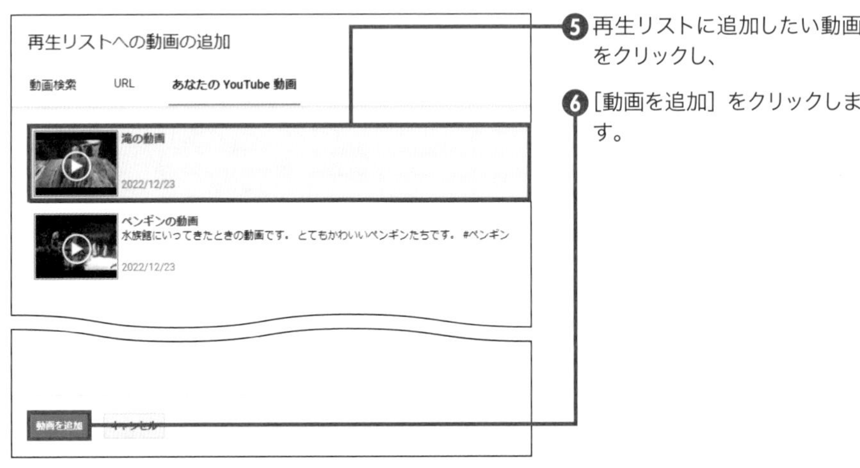

❺再生リストに追加したい動画をクリックし、

❻［動画を追加］をクリックします。

❼動画が再生リストに追加されます。

COLUMN 動画をまとめて追加する

手順❺の画面で、再生リストに追加したい動画をすべてクリックすると、動画が複数選択された状態になります。この状態で［動画を追加］をクリックすると、複数の動画をまとめて再生リストに追加できます。

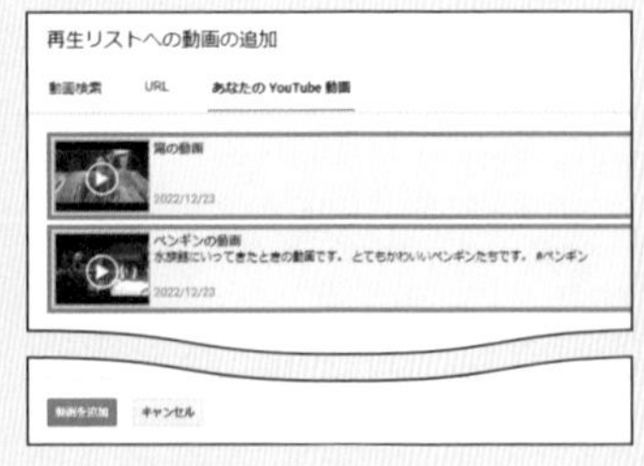

第1章
第2章 動画の投稿・編集
第3章
第4章

046
動画の投稿・編集

動画の公開範囲を変更する

YouTubeに投稿した動画は必ず公開しなければならない、というルールはありません。公開設定は「公開」「非公開」「限定公開」の3つの中から選ぶことができます。通常、動画投稿時に公開範囲を選択する必要があります。

公開範囲を変更する

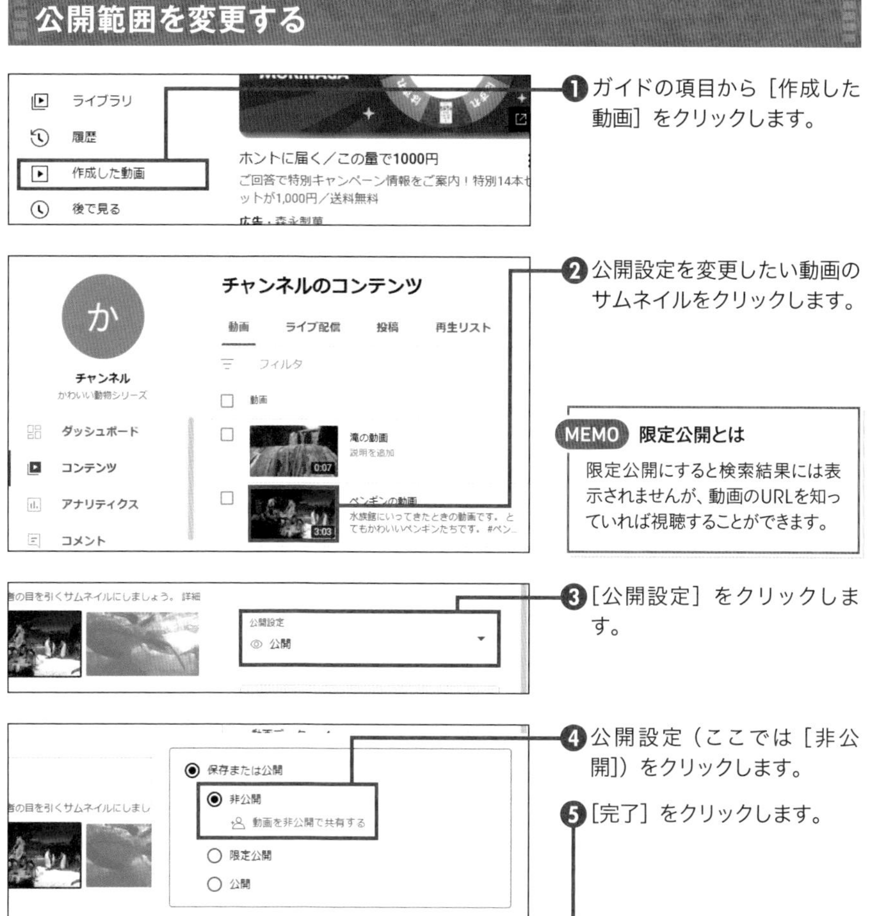

❶ガイドの項目から［作成した動画］をクリックします。

❷公開設定を変更したい動画のサムネイルをクリックします。

❸［公開設定］をクリックします。

❹公開設定（ここでは［非公開］）をクリックします。

❺［完了］をクリックします。

MEMO 限定公開とは

限定公開にすると検索結果には表示されませんが、動画のURLを知っていれば視聴することができます。

047 動画の投稿・編集 コメントの許可と不許可を設定する

投稿した動画の視聴者から、コメントや評価をもらうことがあります。コメントから動画についての意見をもらえることもあるので、今後の動画作りの参考にしましょう。コメントに対しては「許可」または「不許可」を設定することができます。

コメントの許可を設定する

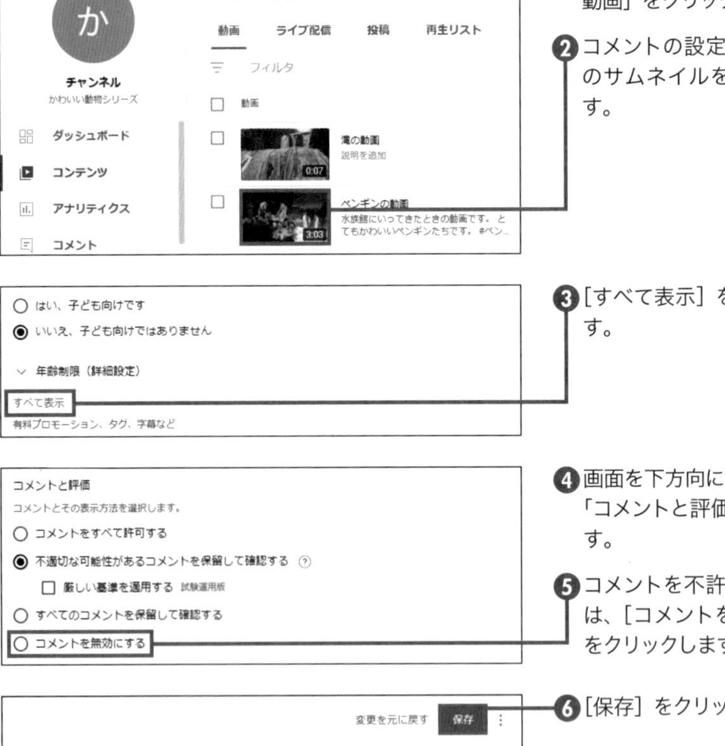

❶ ガイドの項目から［作成した動画］をクリックします。

❷ コメントの設定をしたい動画のサムネイルをクリックします。

❸［すべて表示］をクリックします。

❹ 画面を下方向にスクロールし、「コメントと評価」を表示します。

❺ コメントを不許可にする場合は、［コメントを無効にする］をクリックします。

❻［保存］をクリックします。

SECTION 048 動画の投稿・編集

評価数の表示と非表示を設定する

動画に表示されている評価数は、動画ごとに表示したり非表示にしたりできます。すでに評価されている動画の評価を非表示にしても、これまでに評価された内容自体を消すことはできません。

評価数の表示・非表示を切り替える

コメントと評価
コメントとその表示方法を選択します。
○ コメントをすべて許可する
◉ 不適切な可能性があるコメントを保留して確認する
□ 厳しい基準を適用する 試験運用版
○ すべてのコメントを保留して確認する
○ コメントを無効にする
並べ替え
人気順
☑ この動画を高く評価した視聴者の数を表示する

❶ P.086手順❹の画面で、「この動画を高く評価した視聴者の数を表示する」のチェックを外します。

変更を元に戻す 保存

❷［保存］をクリックします。

COLUMN 評価ボタンの表示

評価数を非表示にしても評価ボタンは消えないため、視聴者からの評価は通常通り受けることができます。評価数を非表示にしている場合、評価ボタンの表示が、以下の画面のように変わります。

表示　　非表示

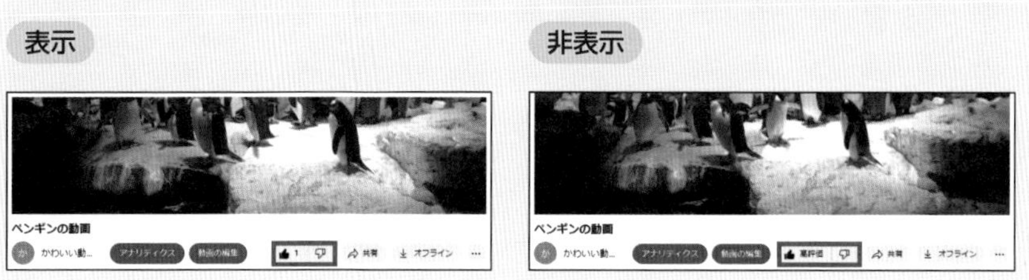

第1章
動画の投稿・編集 第2章
第3章
第4章

049 ライブ映像のストリーミング配信を行う

動画の投稿・編集

YouTubeにはライブ映像をストリーミング配信するサービスがあります。ストリーミング配信ではパソコンに接続されたカメラを利用して生放送をしたり、デスクトップ画面をライブ配信することができます。

ライブストリーミングを有効にする

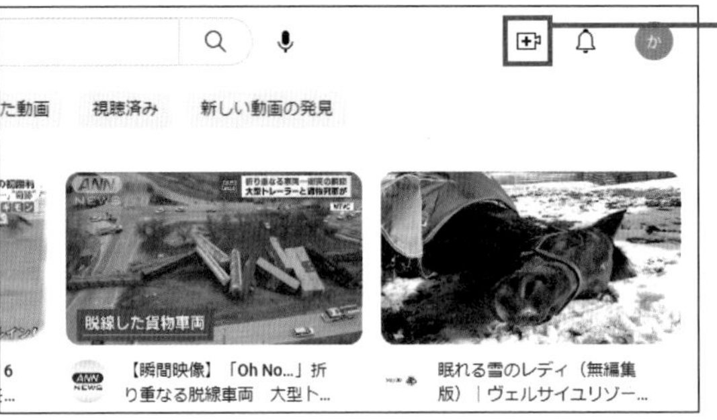

❶画面右上の⊞をクリックします。

❷［ライブ配信を開始］をクリックします。

COLUMN ライブ配信が可能になるまで

手順❷の画面で初めて［ライブ配信を開始］をクリックした場合、ライブ配信が可能になるのは24時間後になります。それまでは「あと○○でライブ配信が可能になります」と表示され、残り時間を確認できるようになっています。初配信などの日程が決まっている場合は、あらかじめアクセスしておくなど注意しましょう。

エンコードソフトをインストールする

ストリーミング配信をするには、エンコードソフトが必要になります。ここでは「Open Broadcaster Software」を利用します。「Open Broadcaster Software」は YouTube が推奨するエンコードソフトの1つで、無料で利用できます。

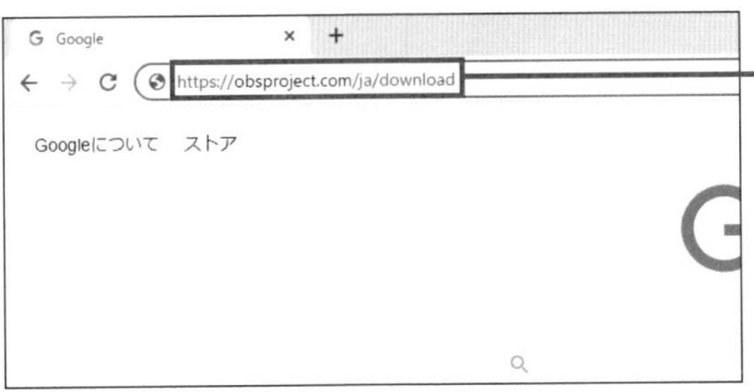

❶アドレスバーに「https://obsproject.com/ja/download」と入力し、Enter キーを押します。

❷「Open Broadcaster Software」のホームページが表示されます。

❸画面を下方向にスクロールし、

❹[ダウンロードインストーラ]をクリックします。

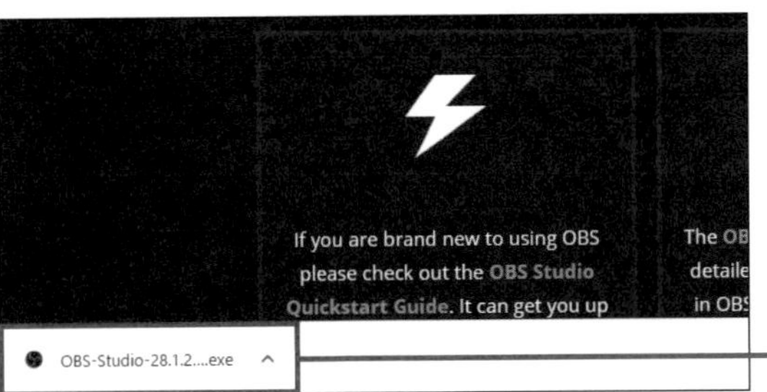

❺インストーラがダウンロードされます。

❻ダウンロードしたファイルをクリックします。

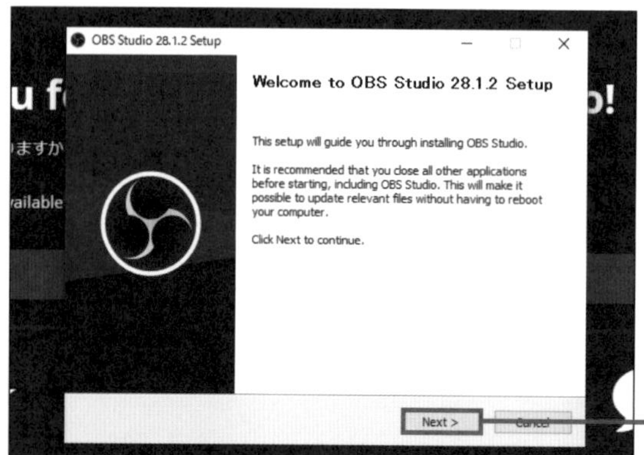

❼「Open Broadcaster Software」のセットアップ画面が開きます。

❽[Next] をクリックして画面の指示に従い、セットアップを続けます。

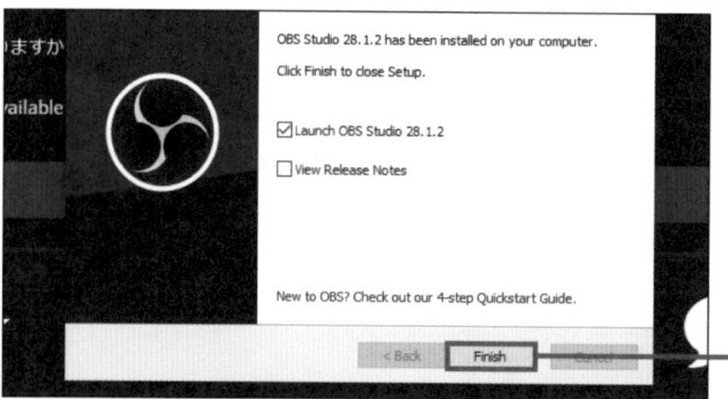

❾セットアップが完了したら、[Finish] をクリックします。

❿「Open Broadcaster Software」がインストールされたら、ダブルクリックで開きます。

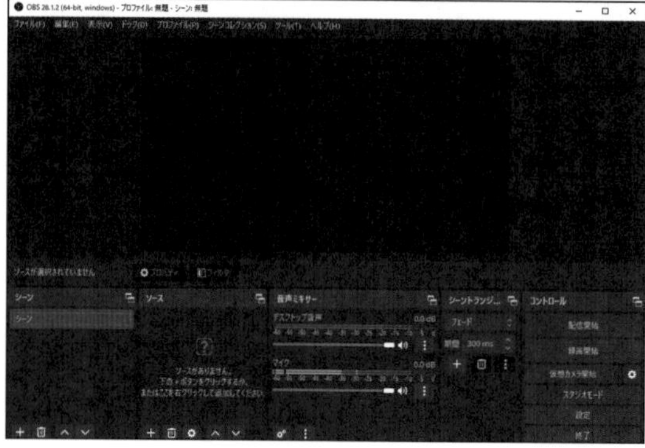

⓫「Open Broadcaster Software」が起動します。

ストリーミング配信を開始する

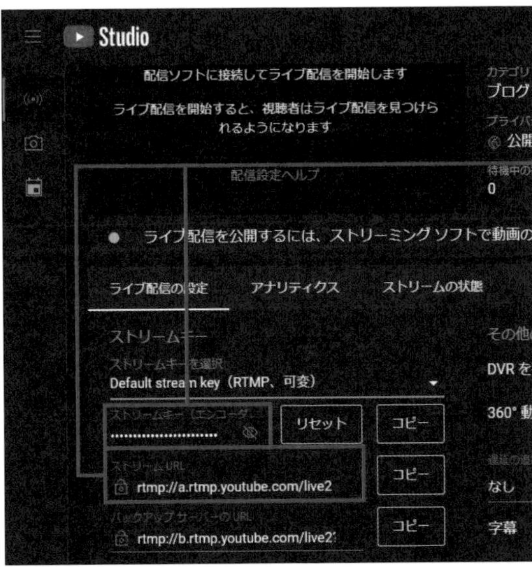

❶P.088 手順❶～❷を参考にライブストリーミングのページを開き、「エンコーダ配信」を選択して、

❷「ストリームキー」内の「ストリームキー」と「ストリームURL」をメモ帳などにコピーします。

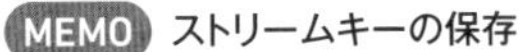
MEMO ストリームキーの保存

「ストリームキー」をコピーするには、［リセット］の左にあるをクリックしたあとで操作します。

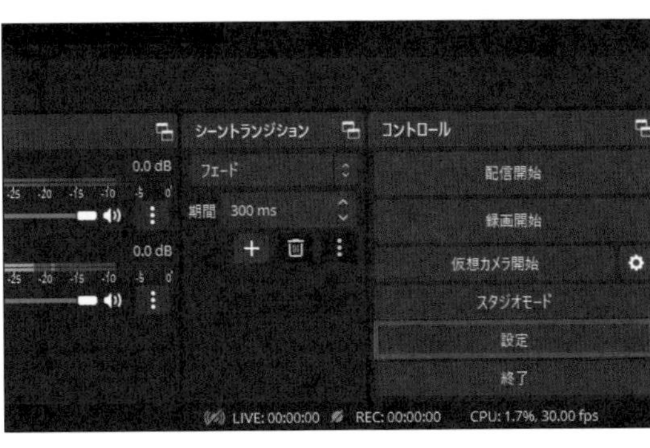

❸Open Broadcaster Software を起動し、画面右下の［設定］をクリックします。

❹画面左側の［配信］をクリックしたら、

❺「サービス」で、［カスタム］を選択します。

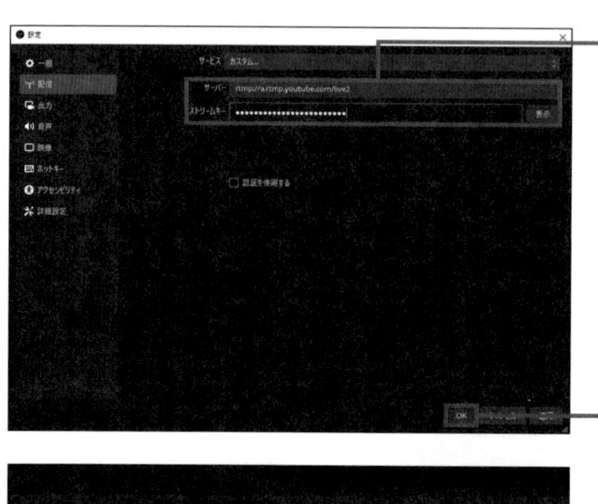

❻ P.091 手順❷でコピーしたURLとストリームキーをペーストし、

❼ [OK] をクリックします。

❽ 画面下部の「ソース」の枠内を右クリックします。

❾ [追加] をクリックし、配信したいソース（ここでは [画面キャプチャ]）をクリックします。

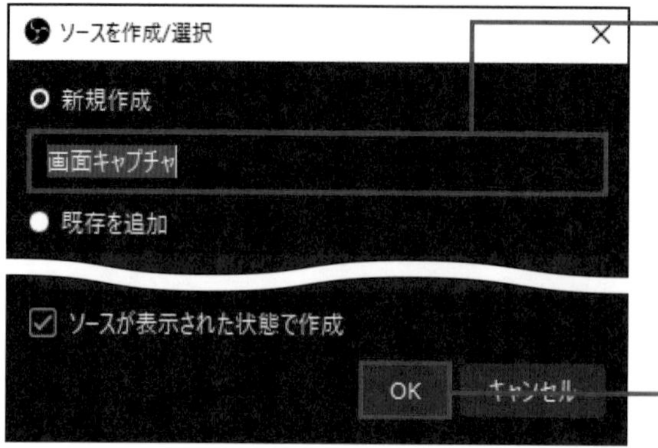

❿ 自分でソースの内容が把握できるよう名前を変更し、

⓫ [OK] をクリックします。

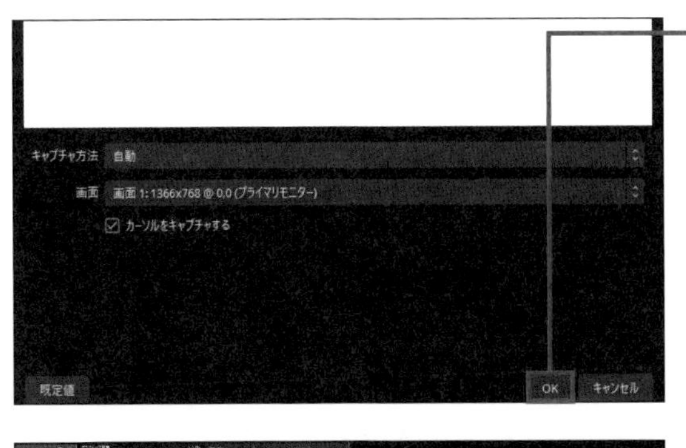

⑫プロパティが表示されます。問題がなければ、[OK] をクリックします。

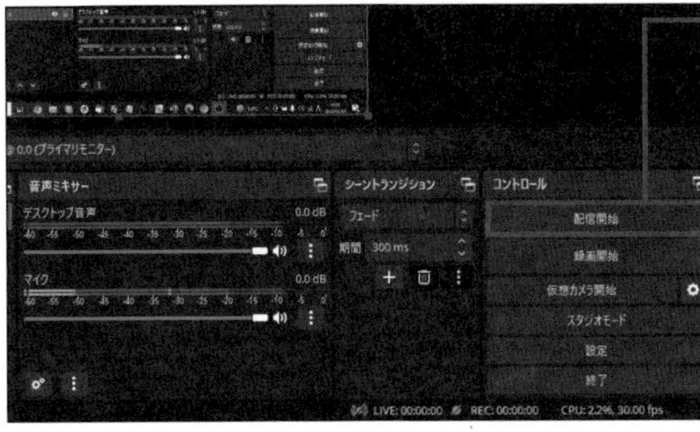

⑬配信ソースに間違いがなければ、[配信開始] をクリックします。

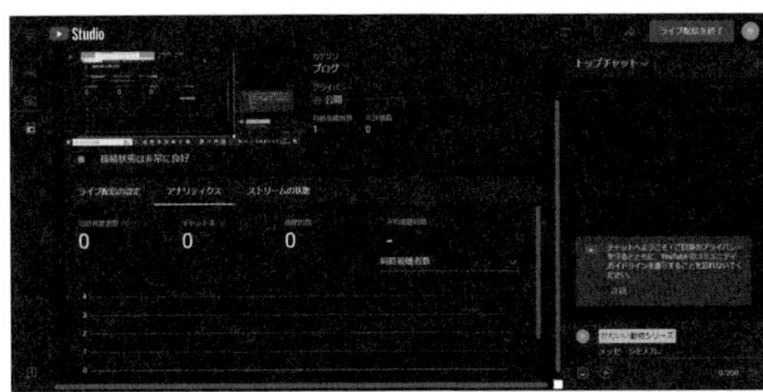

⑭YouTubeの画面に戻ります。ライブ配信が開始されていることが確認できます。

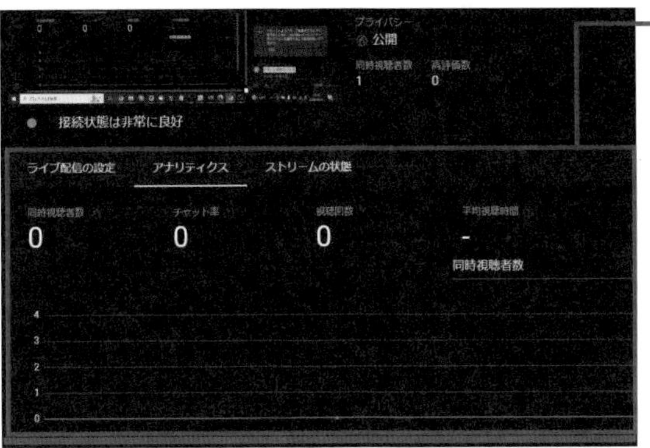

⑮画面下部では同時視聴者数やチャット率などを確認できます。

MEMO 配信の終了

配信を終了するには、「Open Broadcaster Software」で[配信終了] をクリックします。

050 動画エディタで特殊効果をかける

動画の投稿・編集

動画エディタを使用すると、動画のトリミングやカット、顔や個人情報のぼかし、音声の追加などができます。画面下部にはタイムラインが表示され、主にタイムライン上で操作を行います。

動画エディタを表示する

❶ガイドの項目から、[作成した動画] をクリックします。

❷編集したい動画のサムネイルをクリックします。

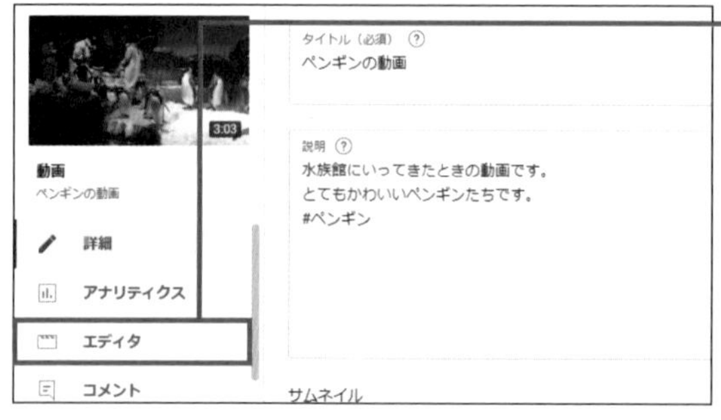

❸画面左側の［エディタ］をクリックします。

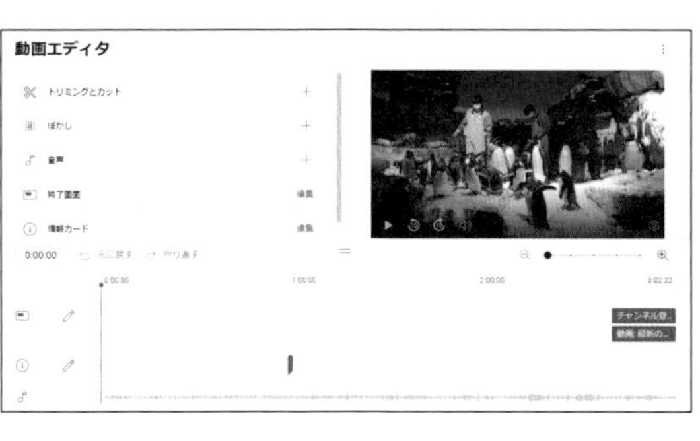

❹動画エディタ画面が表示されます。

❺カード（Sec.041 参照）や終了画面（Sec.042 参照）はこの画面からでも編集できます。

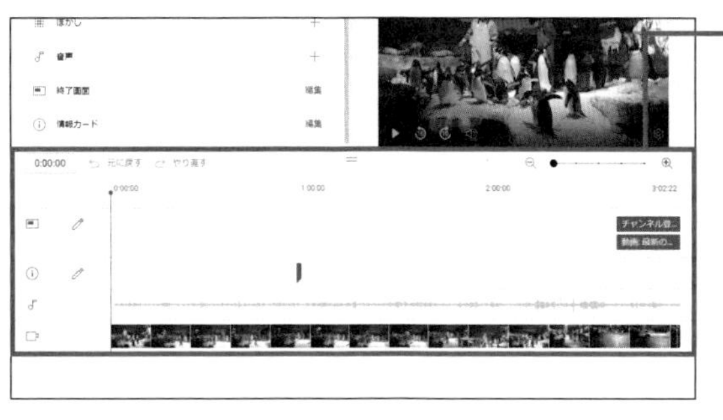

❻画面下部には動画のタイムラインが表示されています。カットやカード、音楽などの位置を確認できます。

顔にぼかしを入れる

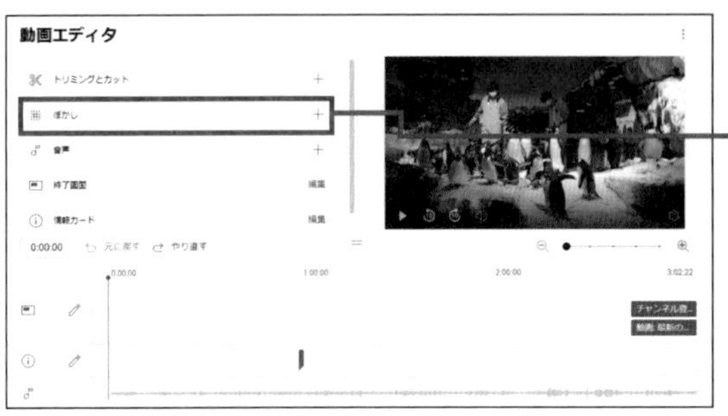

❶ P.094 手順❶～❸を参考に動画エディタを表示し、

❷［ぼかし］をクリックします。

❸［顔のぼかし］をクリックします。

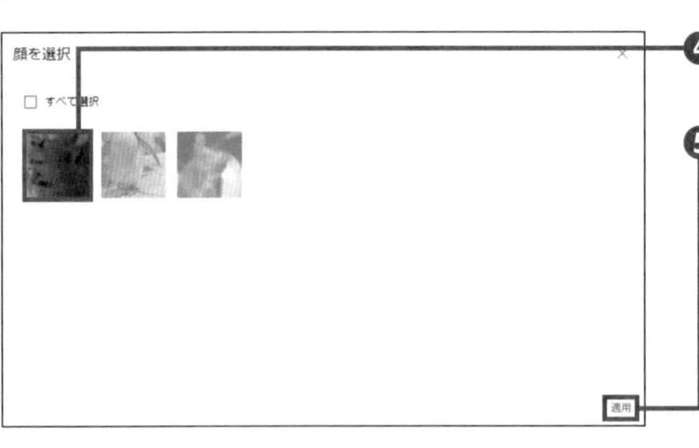

❹ ぼかしたい場所をクリックして選択し、

❺［適用］をクリックします。

COLUMN 顔以外にぼかしを入れたい場合

「顔のぼかし処理」で顔が認識されない場合や、顔以外にぼかしを入れたい場合は、手順❸の画面で［カスタムぼかし］をクリックします。編集画面が表示されたら、ドラッグでぼかしの範囲を選択できます。ぼかしの適用時間を調整する場合は、画面下部のエフェクトのタイムラインをドラッグして、長さを調整します。

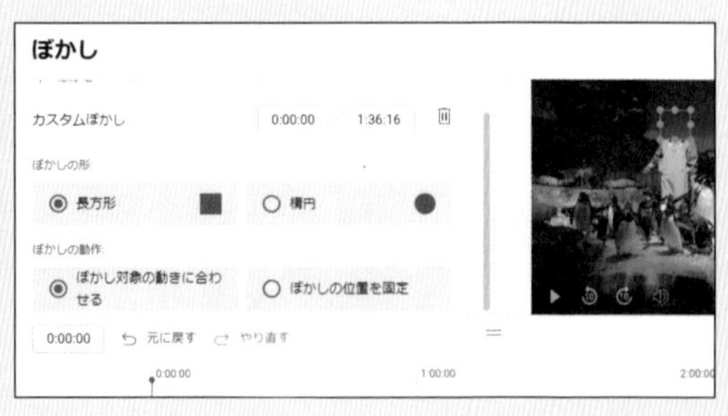

第1章
第2章 動画の投稿・編集
第3章
第4章

051 動画の投稿・編集

動画エディタでBGMをつける

動画エディタでは、アップロードした動画に好きなBGMをつけることができます。YouTubeには無料で使えるさまざま音楽が用意されており、その中から動画に合わせたBGMを選んで利用することが可能です。

BGMを挿入する

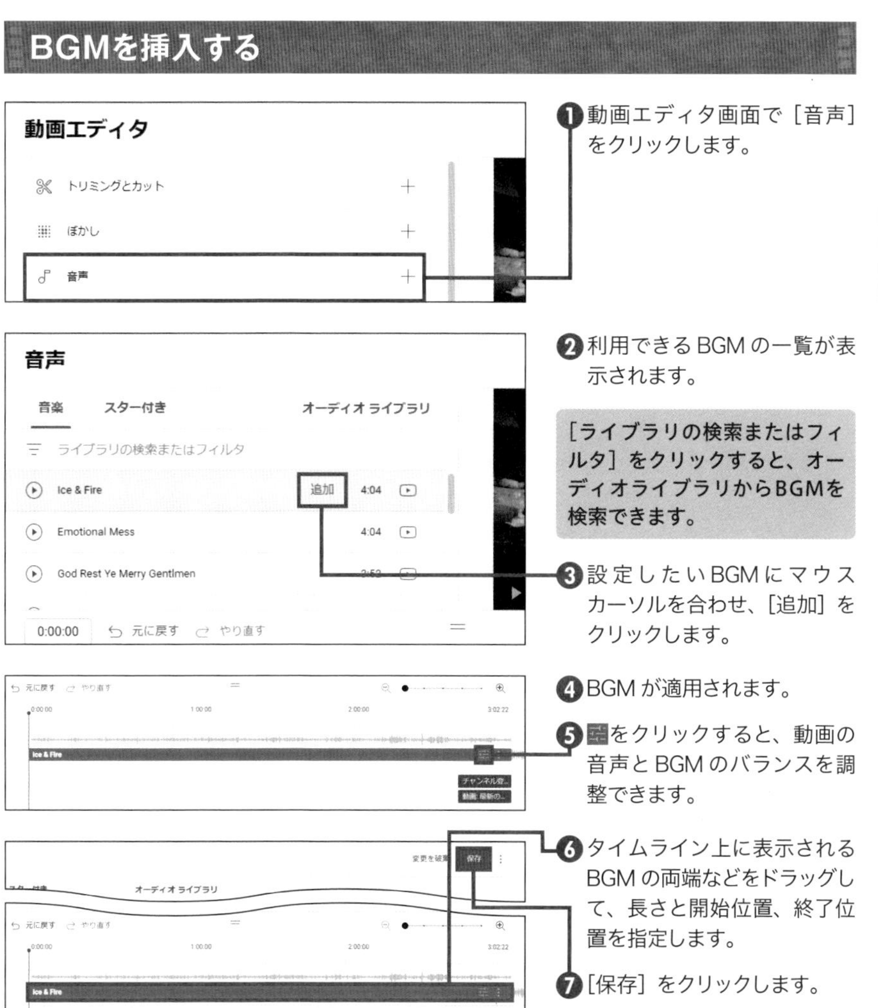

❶動画エディタ画面で［音声］をクリックします。

❷利用できるBGMの一覧が表示されます。

［ライブラリの検索またはフィルタ］をクリックすると、オーディオライブラリからBGMを検索できます。

❸設定したいBGMにマウスカーソルを合わせ、［追加］をクリックします。

❹BGMが適用されます。

❺ をクリックすると、動画の音声とBGMのバランスを調整できます。

❻タイムライン上に表示されるBGMの両端などをドラッグして、長さと開始位置、終了位置を指定します。

❼［保存］をクリックします。

052 動画エディタでカット編集をする

動画の投稿・編集

動画エディタのタイムライン上で、動画の冒頭や末尾、中間などをカットできます。これにより、動画内の不要な部分を削除できます。タイムラインが見にくい場合は、拡大や縮小をすると操作しやすくなります。

動画の冒頭や末尾をカットする

❶ P.094 手順❶～❸を参考に、動画エディタを表示します。

❷［トリミングとカット］をクリックします。

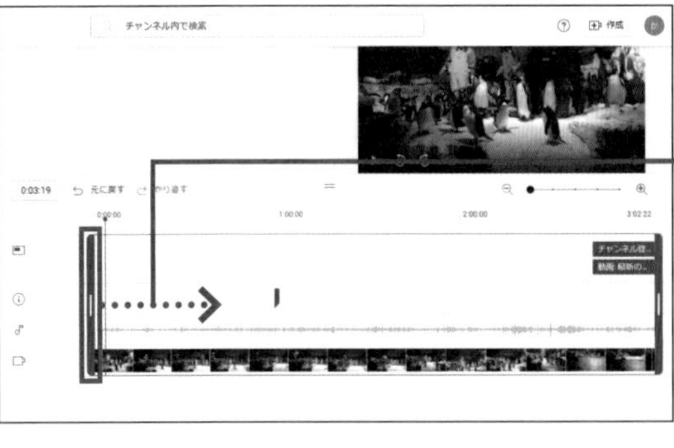

❸「トリミングとカット」画面が表示され、動画のカット編集ができます。

❹ タイムライン上に表示されている動画の左側の ▍ を右方向にドラッグします。

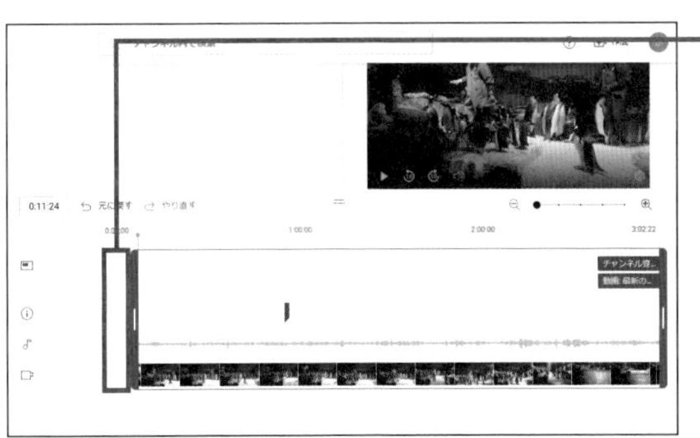

❺ 動画の冒頭がカットされ、開始位置が変更されます。

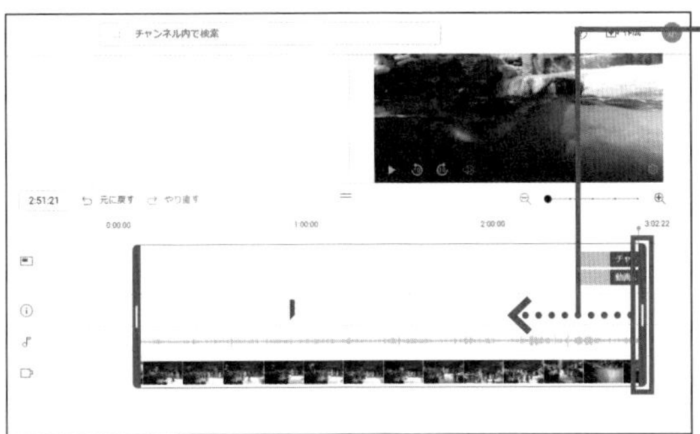

❻ 右側の ❙ を左方向にドラッグすると、

❼ 動画の末尾がカットされ、終了位置が変更されます。

❽ ❙❙ をクリックして動画を再生し、編集の結果を確認します。

第1章
動画の投稿・編集 第2章
第3章
第4章

動画の中間部分をカットする

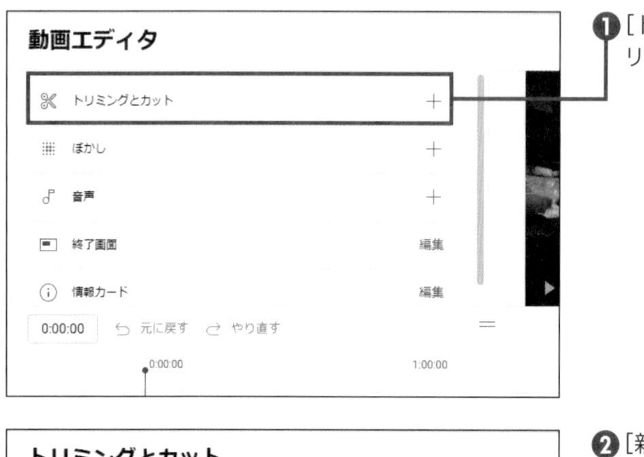

❶［トリミングとカット］をクリックします。

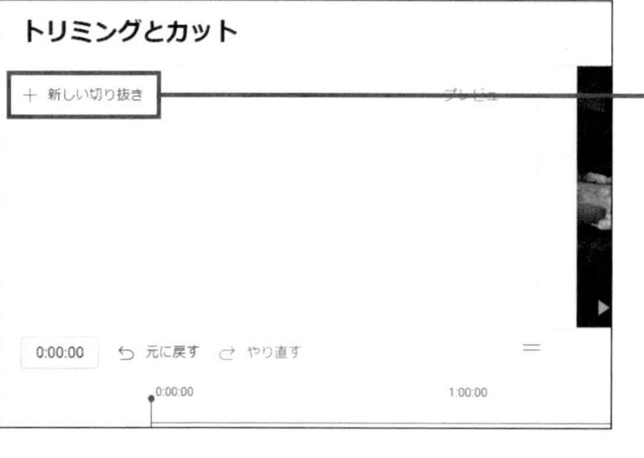

❷［新しい切り抜き］をクリックします。

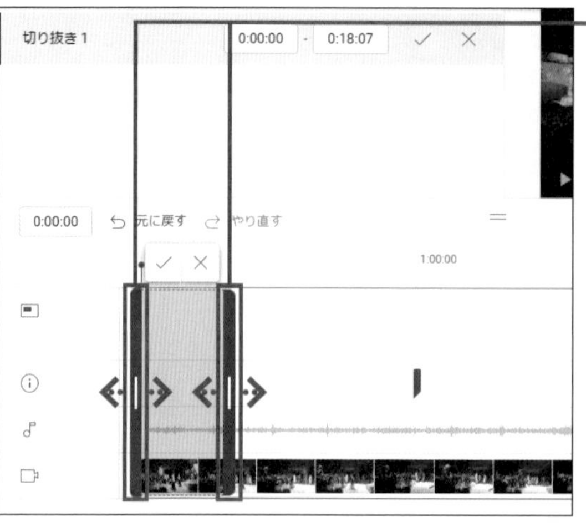

❸タイムライン上に表示されている切り抜きの ▌ を左右にドラッグし、切り抜きの位置を調整します。

第1章
第2章 動画の投稿・編集
第3章
第4章

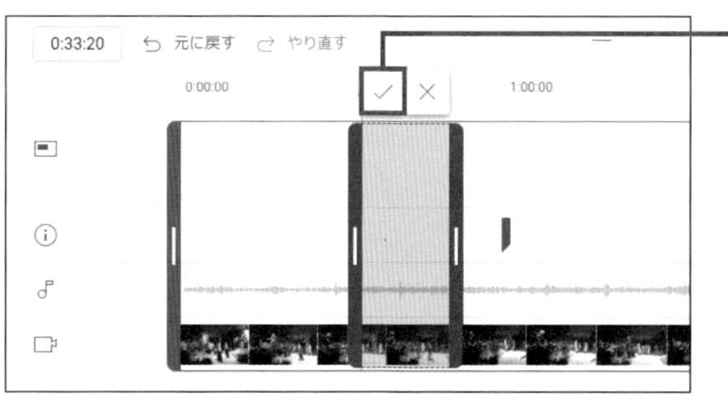

❹ ✓をクリックします。

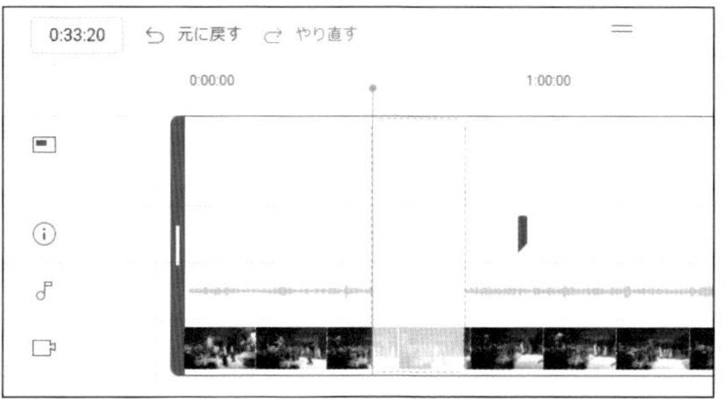

❺ 切り抜き位置が固定され、中間部分をカットできました。

❻［保存］をクリックします。

第1章

第2章

第3章

第4章

COLUMN タイムラインを拡大して見やすくする

動画のタイムラインが短くて見にくい場合は、動画エディタの右下に表示されているスライダーを右にドラッグすると、タイムラインを拡大して表示できます。スライダーを左にドラッグすると、タイムラインは縮小して表示されます。

動画の中間部分を複数カットする

❶P.101 手順❺の画面で、［新しい切り抜き］をクリックします。

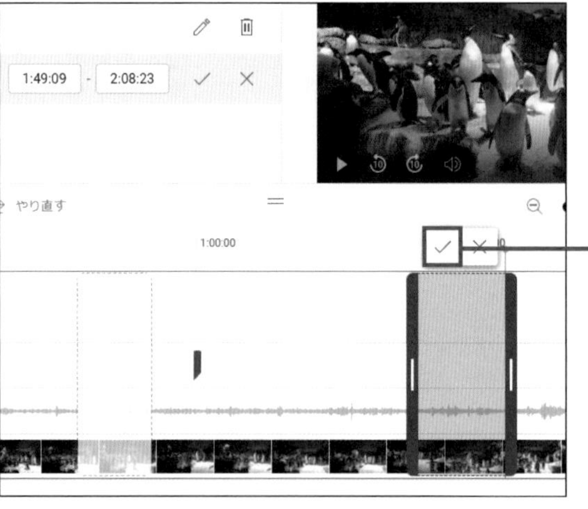

❷切り抜きが追加されます。

❸切り抜き位置を調整し、✓をクリックすると切り抜き位置が固定されます。

COLUMN 切り抜きを削除する

削除したい切り抜きの🗑→［切り抜きを削除］の順にクリックすると、切り抜きを削除することができます。

動画エディタ画面からカードや終了画面を編集する

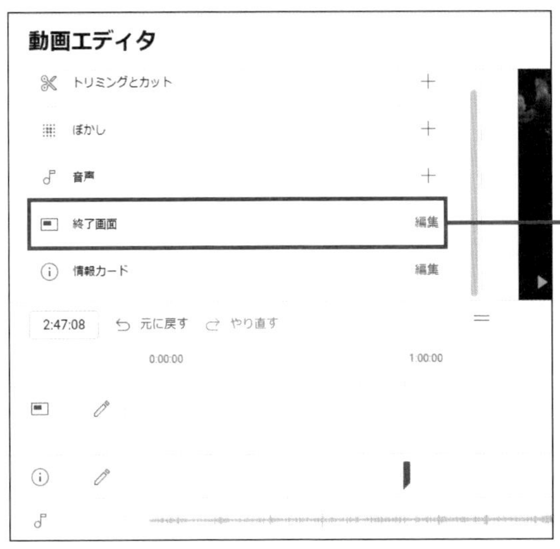

❶ P.094 手順❶～❸を参考に、動画エディタを表示します。

❷ 編集したい項目（ここでは［終了画面］）をクリックします。

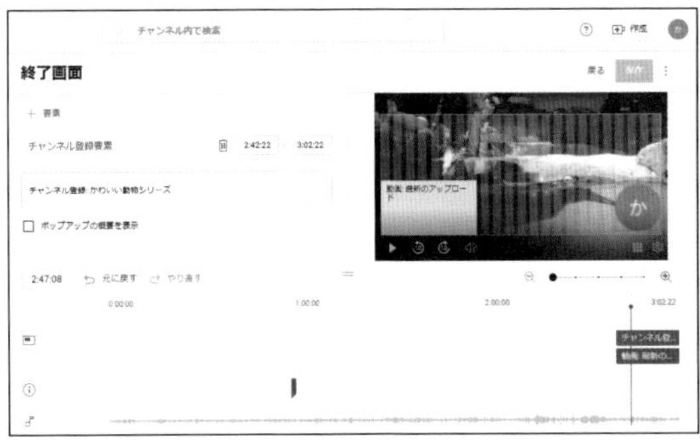

❸「終了画面」の編集画面が表示されます。

COLUMN 動画の長さと音声の長さ

音声の長さが動画の長さを上回る場合、自動的に動画の長さに合わせて音声がカットされます。音声の長さを優先したい場合、画像を挿入するなどして音声の長さに動画の長さを合わせましょう。

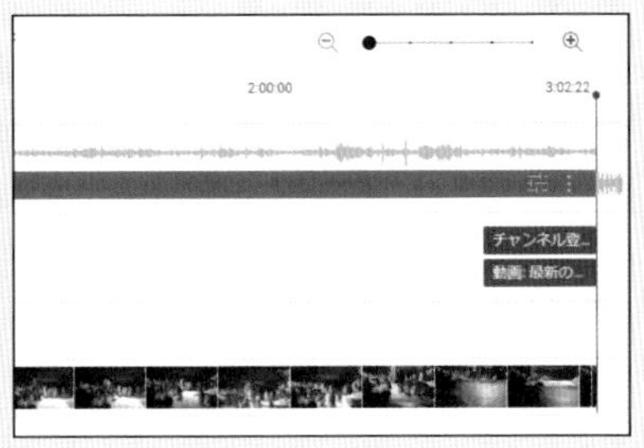

第1章
第2章 動画の投稿・編集
第3章
第4章

053 編集ソフトを使用して動画を編集する

動画の投稿・編集

編集ソフトを使用すると、テロップやスローモーションなど、さまざまな編集を追加することができます。ここでは、一般的に使用されている動画編集ソフトとサムネイル編集ソフトを紹介します。自分に合った編集ソフトを見つけましょう。

動画編集ソフト

Adobe Premiere Pro

▲ https://www.adobe.com/jp/products/premiere.html

Adobeが提供する動画編集ソフトです。月額2,728円（税込み）で利用するほか、ほかのAdobeソフトと一緒に利用できるお得なプランもあります。

DaVinci Resolve

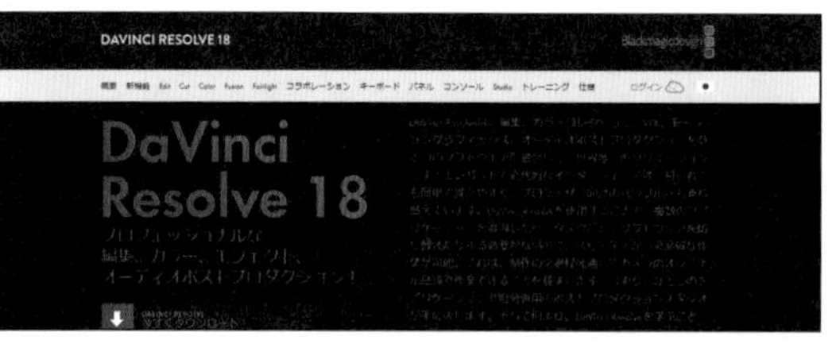

▲ https://www.blackmagicdesign.com/jp/products/davinciresolve

Blackmagic Designが提供する動画編集ソフトです。無料版もあるため、初心者の方におすすめです。有料版は47,980円（税込み）で購入できます。

PowerDirector 365

▲ https://jp.cyberlink.com/products/powerdirector-video-editing-software/overview_ja_JP.html

サイバーリンクが提供する動画編集ソフトです。価格は月額492円（税込み）ですが、無料で利用できる体験版もあります。

サムネイル編集ソフト

Adobe Photoshop

▲ https://www.adobe.com/jp/products/photoshop.html

Adobeが提供する画像編集ソフトです。写真の調整や加工を得意とします。月額2,728円（税込み）で利用するほか、ほかのAdobeソフトと一緒に利用できるお得なプランもあります。

Adobe Illustrator

▲ https://www.adobe.com/jp/products/illustrator.html

Adobeが提供するアートワーク作成ソフトです。テキストや画像を組み合わせてレイアウトできます。月額2,728円（税込み）で利用するほか、ほかのAdobeソフトと一緒に利用できるお得なプランもあります。

Microsoft PowerPoint

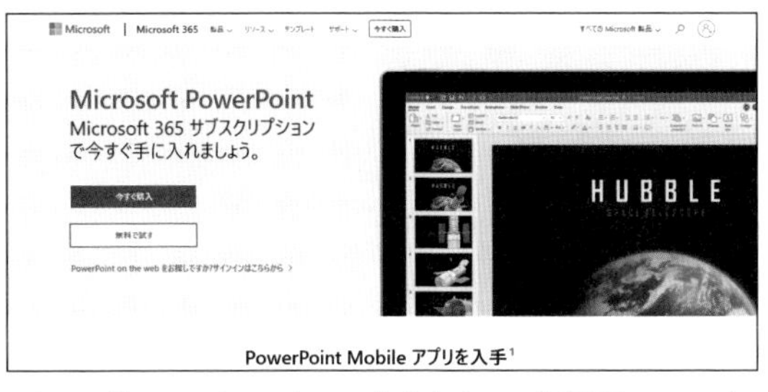

▲ https://www.microsoft.com/ja-jp/microsoft-365/powerpoint

Microsoftが提供するプレゼンテーション資料作成ソフトです。画像編集ソフトとして、サムネイル作成に応用が可能です。17,904円（税込み）で購入できます。

動画編集ソフトをインストールする

ここでは、PowerDirector 365 のインストール方法を紹介します。

❶アドレスバーに「https://jp.cyberlink.com/」と入力し、Enter キーを押します。

❷［無料体験版］をクリックします。

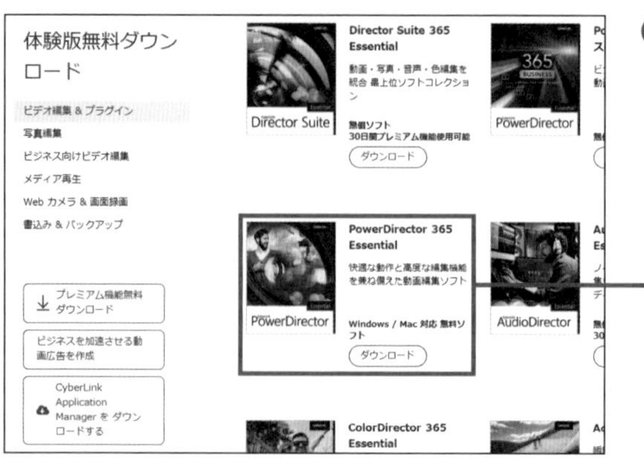

❸［PowerDirector 365 Essential］をクリックします。

❹ [無料ダウンロード] をクリックします。

❺ 使用している OS（ここでは [Windows]）をクリックします。

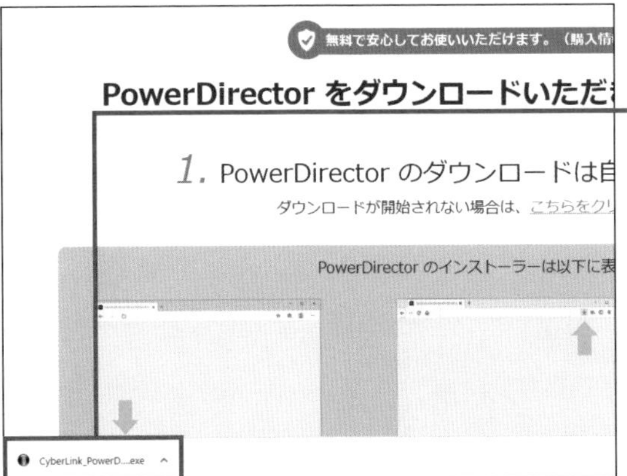

❻ インストーラがダウンロードされます。

❼ ダウンロードしたデータをクリックします。

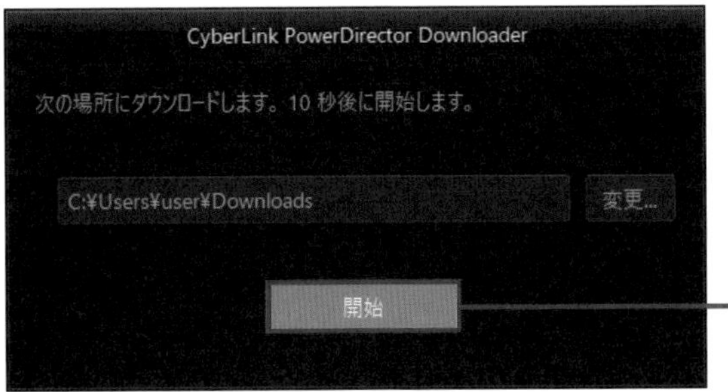

❽ [開始] をクリックして、画面の指示に従ってセットアップします。

第1章
第2章 動画の投稿・編集
第3章
第4章

054 動画をよりよく見せるための編集のコツ

動画の投稿・編集

YouTubeで再生数を稼ぐには、編集方法にもコツがあります。視聴者の興味を引きそうな動画でも、編集が悪いと見てもらえません。ここでは動画をよりよく見せるためのかんたんなコツを紹介します。

動画をあまり長くしすぎない

動画があまりにも長いと、見ている視聴者が疲れてしまいます。動画の編集時には、視聴者が飽きない長さにするよう心がけましょう。それでも動画が長くなってしまう場合は、前編後編に分けたり、シリーズ化したりしてブランド化を図りましょう。

これらはシリーズ化された動画です。シリーズ化することによって視聴者を飽きさせることなく、視聴してもらうことができます。

動画をシリーズにすることでチャンネルをブランド化し、再生数を増やすことが期待できます。

COLUMN シリーズ動画のタイトル

シリーズ化する動画のタイトルには統一性を持たせると、視聴者が動画を探しやすくなります。

見せ場でリプレイやスローモーションを使用する

動画のいちばん見せたい部分や盛り上げたい場面では、リプレイやスローモーションを利用してアピールしましょう。そのとき、テロップなどを入れると視聴者に伝わりやすくなります。トランジションと同様、使いすぎると効果が薄くなるので注意しましょう。

チャンネル登録を呼びかける

カードや終了画面、動画の説明文などを利用してチャンネル登録を呼びかけましょう。自分の動画のファンを増やすことは再生数のアップにつながるほか、動画を作成する際のモチベーションになります。より魅力的な動画を作って、ファンを増やしていきましょう。

カードの設定方法はSec.041、終了画面の設定方法はSec.042を参照してください。

COLUMN 登録ボタンの設置

人気の動画配信者の多くがカードや終了画面を利用して、動画内に登録ボタンを設置しています。よりたくさんの動画を視聴してもらえる工夫をしましょう。

055 YouTubeショート動画とは

動画の投稿・編集

YouTubeで［ショート］をクリックすると、1分以内の短い動画が再生されます。これらは「YouTubeショート動画」と呼ばれるもので、2021年から始まったサービスです。ショート動画を活用してチャンネル登録者数を増やしたという例も少なくありません。

YouTubeショート動画とは

「YouTube ショート動画」は 2021 年 7 月から始まった、1 分以内の短い動画を作成したり、共有したりできるサービスです。「YouTube」アプリを使用すると、スマートフォンで撮影から編集までできるため、手軽に投稿ができます。関連動画に表示されやすいため、ショート動画をうまく活用することで、チャンネル登録者数の増加につなげることも可能です。

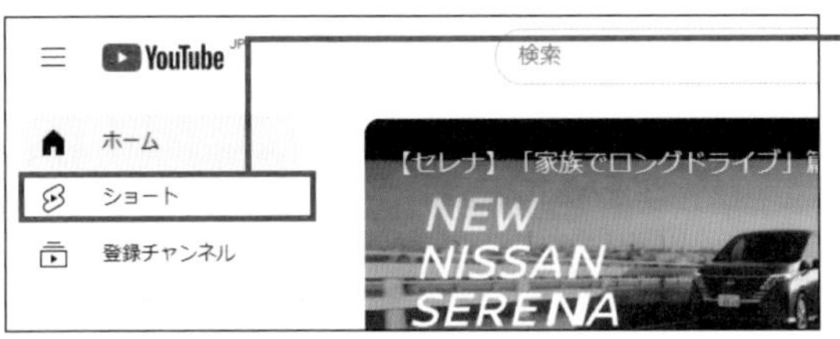

❶ガイドの項目から［ショート］をクリックします。

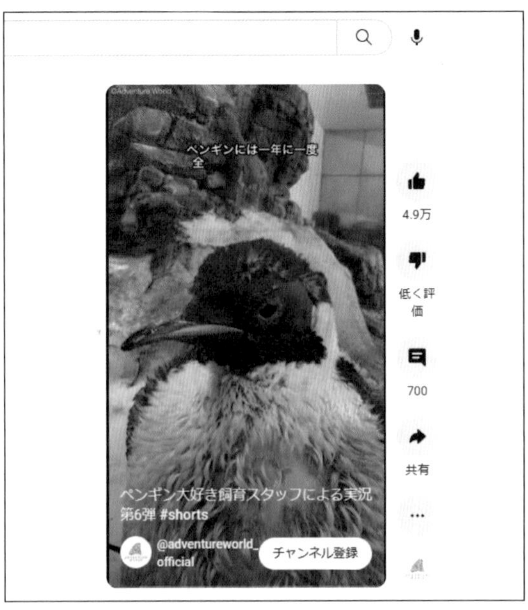

❷ショート動画が表示されます。画面を下方向にスクロールすると、次の動画が表示されます。

投稿動画がYouTubeショート動画になる条件

投稿した動画がYouTubeショート動画になるには、動画のサイズや時間などの条件があります。スマートフォン以外のカメラなどで撮影する場合は設定が必要のため、事前に条件を把握しておきましょう。

YouTubeショート動画になる条件

動画サイズを縦（9：16）にする

ビデオカメラやデジタルカメラで撮影した場合、横に長い動画サイズのままだと、YouTubeショート動画として適用されません。編集ソフトなどを利用して、動画を縦に長くする必要があります。

動画の時間を1分以内に収める

ショート動画は1分以内の動画のことです。1分を超える動画を投稿すると、普通の動画として表示されてしまいます。

COLUMN スマートフォンで撮影する場合

スマートフォンの「YouTube」アプリを利用すると、最初からショート動画として動画を撮影して、編集、投稿ができます。ショート動画の条件に合わせて編集する手間が省けるので便利です。

057 動画の投稿・編集 YouTubeショート動画を投稿する

ここでは、パソコンからショート動画を投稿する方法を紹介します。Sec.056を参考に、ショート動画の条件を満たした動画を用意しましょう。なお、スマートフォンで投稿する場合はSec.135を参照してください。

パソコンでYouTubeショート動画を投稿する

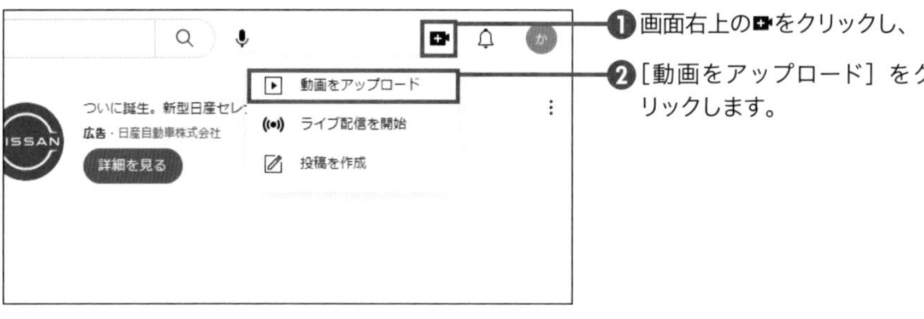

❶画面右上の■をクリックし、

❷［動画をアップロード］をクリックします。

❸［ファイルを選択］をクリックし、投稿したい動画を選択します。

❹動画のタイトルや説明を入力します。

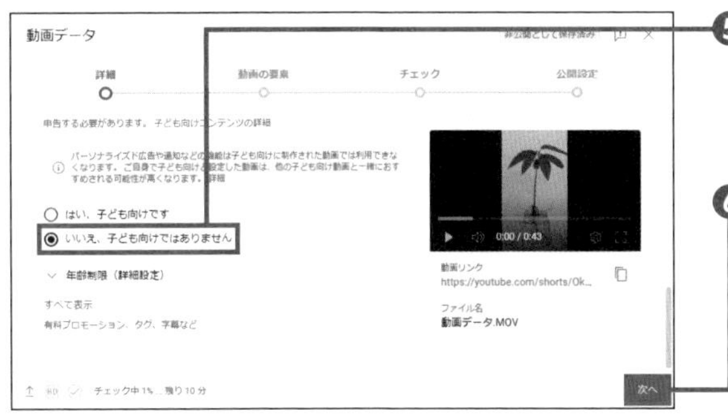

❺ 画面を下方向にスクロールし、［いいえ、子ども向けではありません］をクリックして選択し、

❻［次へ］をクリックします。

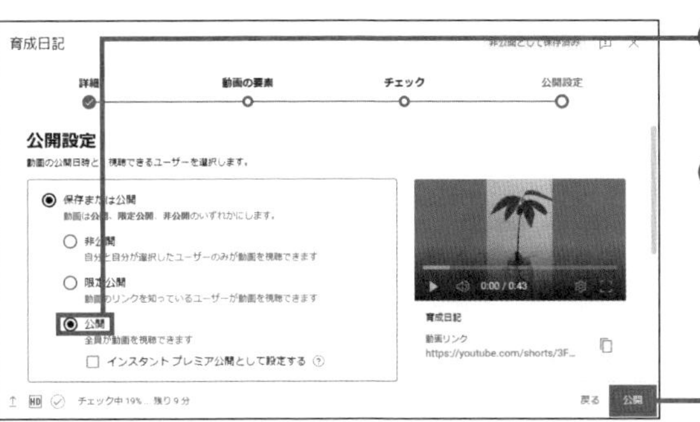

❼ 画面の指示に従って設定を行い、［公開］をクリックして選択します。

❽［公開］をクリックします。

❾ 動画が公開されます。

❿ 動画リンクをクリックします。

⓫ 動画がショート動画になっているか確認できます。

動画を削除する

投稿した動画はいつでも削除できます。一度削除したデータはもとに戻すことはできないので、事前によく確認しましょう。必ずしも削除する必要がない場合は、動画の公開範囲を非表示にしましょう。

動画を削除する

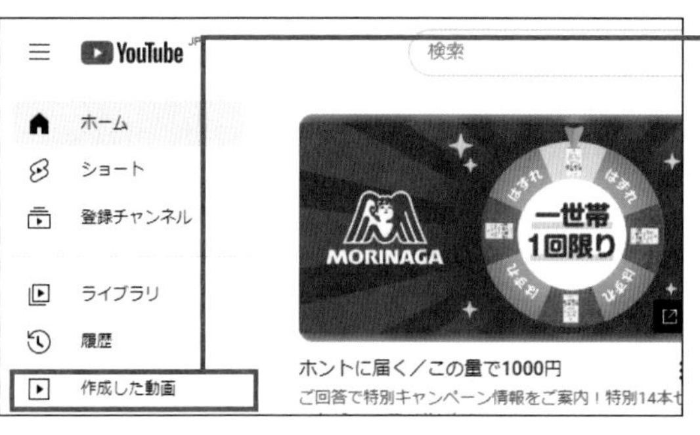

❶ガイドの項目から［作成した動画］をクリックします。

チャンネルのコンテンツ
動画　ライブ配信　投稿　再生リスト
フィルタ
動画　公開設定　制限
滝の動画　公開　なし
ペンギンの動画　水族館にいってきたときの動画です。とてもかわいいペンギンたちです。#ペン…　公開　なし

❷削除したい動画の ⋮ をクリックし、

動画　ライブ配信　投稿　再生リスト
フィルタ
動画　公開設定　制限
滝の動画　公開　なし
タイトルと説明を編集
共有可能なリンクを取得
宣伝
ダウンロード
完全に削除

❸表示される［完全に削除］をクリックします。

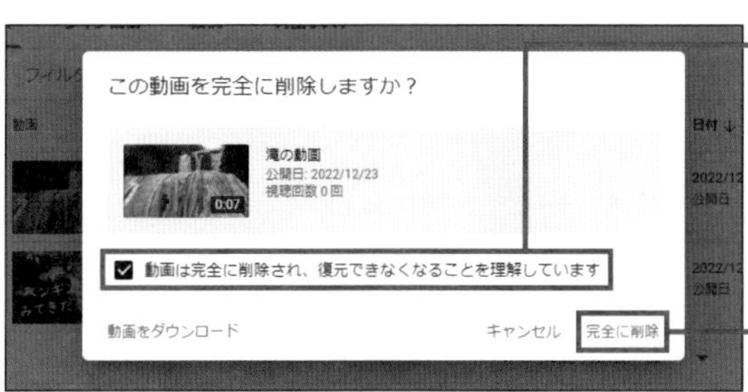

❹問題がなければ、「動画は完全に削除され、復元できなくなることを理解しています」をクリックしてチェックを入れ、

❺［完全に削除］をクリックします。

❻動画が削除されます。

複数の動画をまとめて削除する

❶「作成した動画」画面を表示します。

❷削除したい動画の左側のチェックボックスにチェックを入れて、

❸画面上部の［その他の操作］をクリックします。

❹［完全に削除］をクリックします。

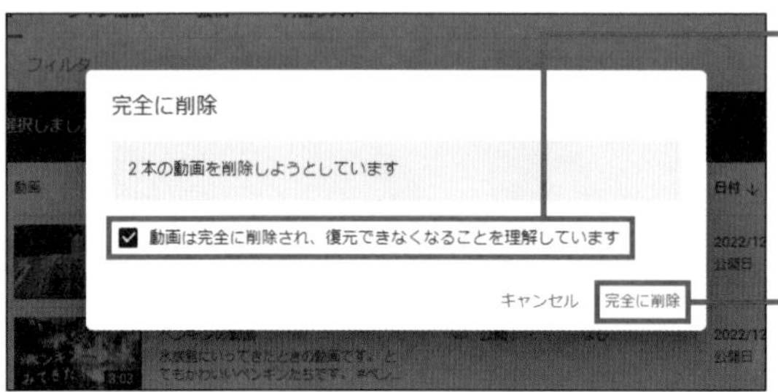

❺ 問題がなければ、「動画は完全に削除され、復元できなくなることを理解しています」をクリックしてチェックを入れ、

❻ [完全に削除] をクリックします。

すべての動画を削除する

❶「作成した動画」画面上部のチェックボックスにチェックを入れます。

❷ 自動的にすべての動画が選択されます。

❸ [その他の操作] をクリックして、

❹ [完全に削除] をクリックします。

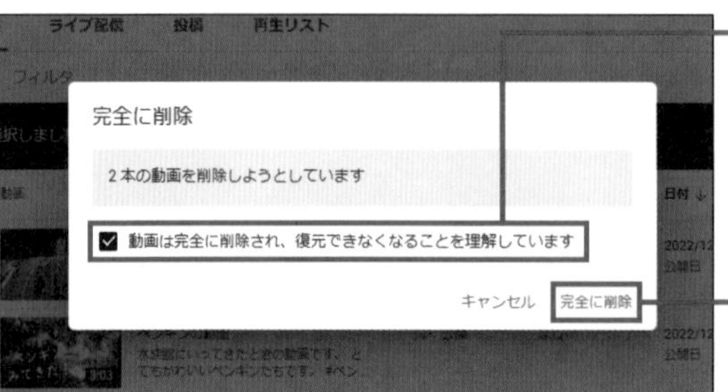

❺ 問題がなければ、「動画は完全に削除され、復元できなくなることを理解しています」をクリックしてチェックを入れ、

❻ [完全に削除] をクリックします。

第3章

ファンを獲得！チャンネルの編集テクニック

059 チャンネルの編集 YouTube Studioでチャンネルを編集する

クリエイター向けのホームであるYouTube Studioでは、チャンネルや動画の管理など幅広い機能が揃っています。チャンネルの編集もYouTube Studioから可能で、「レイアウト」「ブランディング」「基本情報」の3つのタブから自由にカスタマイズできます。

YouTube Studioとは

YouTube Studio とは、Google が提供するクリエイター向けの機能です。チャンネル、動画の管理をはじめ、チャンネルの拡大や視聴者との交流、収益の獲得などをまとめて行うことができます。YouTube Studio を開くには「Studio.YouTube.com」に直接アクセスするか、YouTube にログイン後に右上のプロフィールアイコン→［YouTube Studio］の順にクリックします。

❶	ダッシュボード	最新の動画のパフォーマンスや Youtube の最新情報を確認できます。
❷	コンテンツ	動画やライブ配信の概要を確認できます。
❸	再生リスト	再生リストの作成や管理ができます。
❹	アナリティクス	指標とレポートにもとづいて、チャンネルや動画のパフォーマンスを確認できます。
❺	コメント	チャンネルへのコメントやメンションを確認できます。
❻	字幕	動画に字幕を追加できます。
❼	著作権	送信した削除リクエスト（著作権にもとづく削除依頼）が表示されます。
❽	収益受け取り	利用資格がある場合、動画を収益化したり、サポートを受けたりできます。
❾	カスタマイズ	チャンネルのレイアウト、ブランディング、基本情報をカスタマイズできます。
❿	オーディオライブラリ	動画で使用する音楽や効果音を取得できます。

※環境によっては、一部のツールは表示されない場合があります。

YouTube Studioで編集できること

①「レイアウト」タブ
チャンネル紹介動画、注目動画やチャンネルのセクションを設定できます。

チャンネルのカスタマイズ
レイアウト　ブランディング　基本情報
写真
プロフィール写真は、YouTube であなたのチャンネルが提示される場面で、動画やコメントの横などに表示されます。
98 x 98 ピクセル以上、4 MB 以下の画像をおすすめします。PNG または GIF（アニメーションなし）ファイルを使用してください。画像は YouTube コミュニティ ガイドラインを遵守したものである必要があります。詳細
アップロード
バナー画像
この画像は、チャンネルの上部全体に表示されます
すべてのデバイスで最適に表示されるように、2048 x 1152 ピクセル以上、6 MB 以下の画像を使用してください。詳細
アップロード
動画の透かし
透かしは、動画再生時に、動画プレーヤーの右隅に表示されます

②「ブランディング」タブ
プロフィール写真やバナー画像、動画の透かしを設定できます。

チャンネルのカスタマイズ
レイアウト　ブランディング　基本情報
名前
ご自身やご自身のコンテンツを表すチャンネル名を入力してください。名前と写真の変更は YouTube のみに適用されます。その他の Google のサービスには反映されません。詳細
千代田たくみ
アカウント
英数字を追加して固有のハンドルを選択します。詳細
@user-lc2fm2fw2p
https://www.youtube.com/@user-lc2fm2fw2p
説明
自然が大好きで植物や動物を撮影しています。
これからもたくさん動画をアップしていく予定なので、よろしければチャンネル登録をお願いします。
69/1000
＋ 言語を追加

③「基本情報」タブ
チャンネル名、説明、リンク、連絡先情報などを設定できます。

SECTION 060 チャンネルの編集

チャンネルをカスタマイズする

YouTube Studioにログインすると、視聴者に表示されるチャンネルのレイアウトのほか、ブランディング、基本情報をカスタマイズすることができます。チャンネルを適切にカスタマイズし、チャンネルを最適化しましょう。

チャンネルのカスタマイズをする

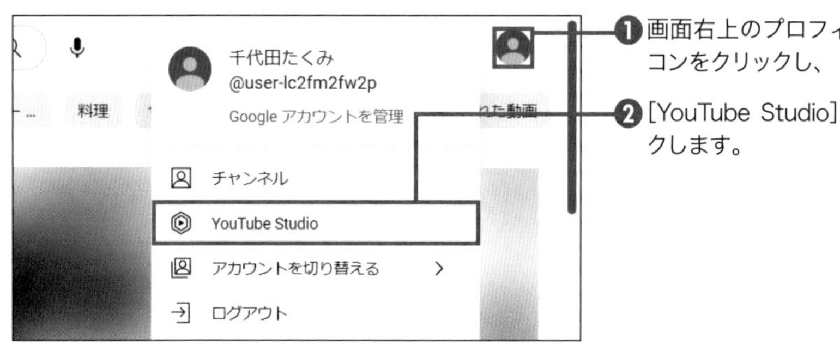

❶画面右上のプロフィールアイコンをクリックし、

❷［YouTube Studio］をクリックします。

❸［カスタマイズ］をクリックします。

❹「チャンネルのカスタマイズ」画面が表示されます。

061 チャンネルの編集

バナー画像を変更する

バナー画像を変更してみましょう。バナー画像は2560×1440が推奨サイズです。推奨サイズ以外の画像をアップロードした場合、画像の上下左右が自動でサイズ調整されてしまうので注意しましょう。

バナー画像を変更する

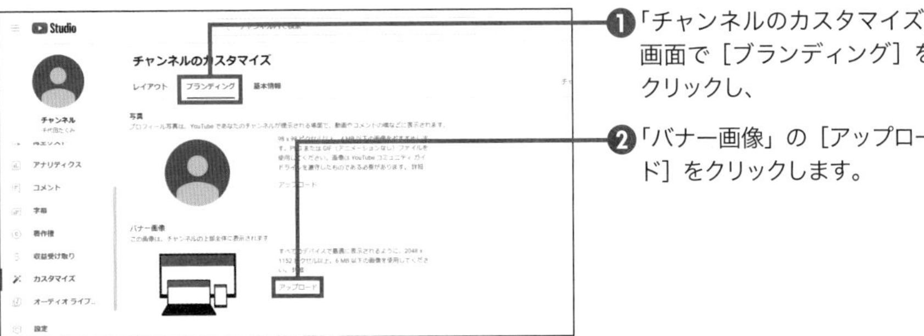

❶「チャンネルのカスタマイズ」画面で［ブランディング］をクリックし、

❷「バナー画像」の［アップロード］をクリックします。

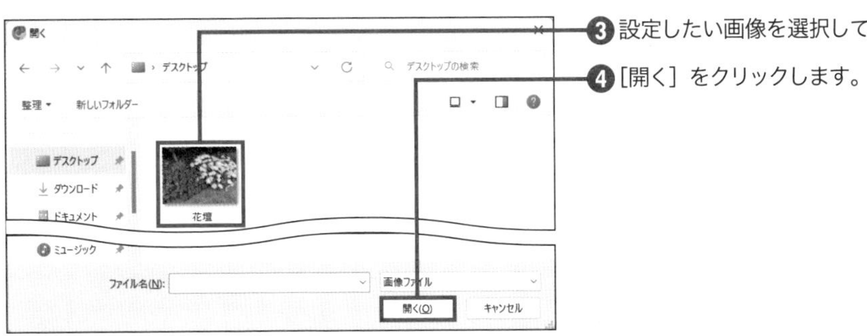

❸設定したい画像を選択して、

❹［開く］をクリックします。

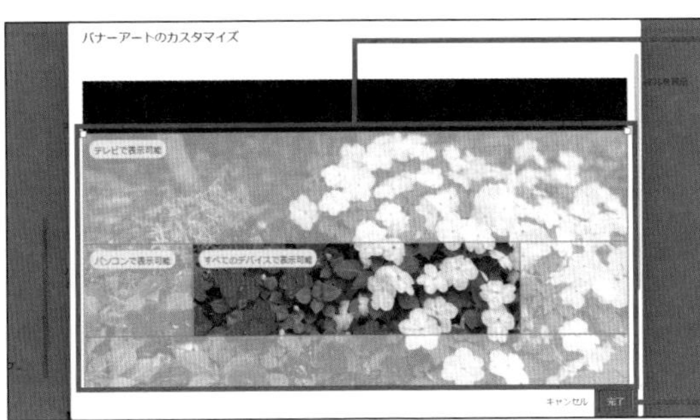

❺画像の表示位置を設定し、

❻［完了］→［公開］の順にクリックすれば完了です。

プロフィールアイコンを変更する

YouTubeのプロフィールアイコンは、Googleアカウントのプロフィールアイコンと同じ画像が表示されます。YouTubeのチャンネルごとにプロフィールアイコンを変更したい場合は、チャンネルごとにGoogleアカウントを変更する必要があります。

プロフィールアイコンを変更する

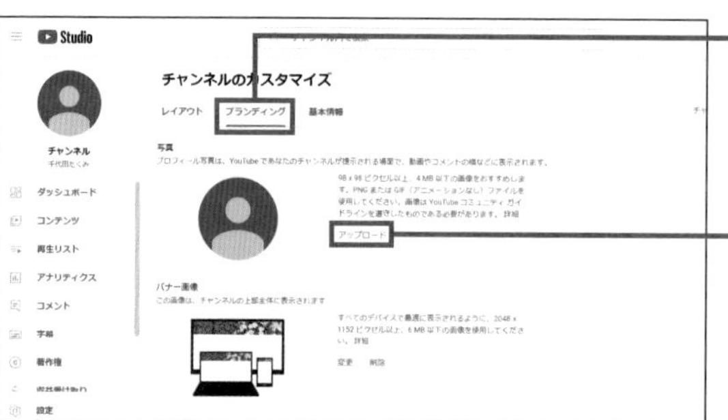

❶「チャンネルのカスタマイズ」画面で［ブランディング］をクリックし、

❷「写真」の［アップロード］をクリックします。

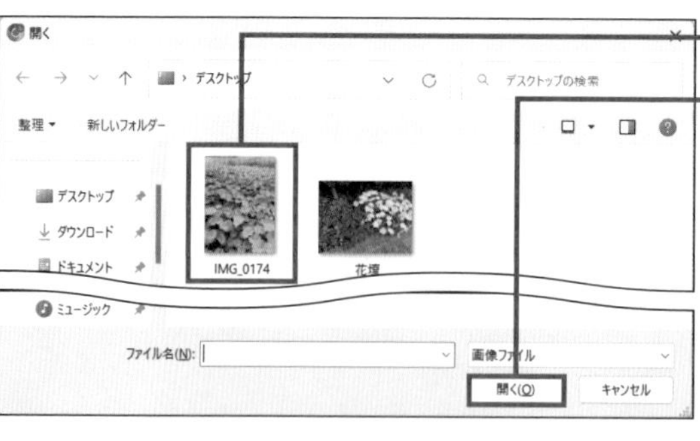

❸設定したい画像を選択して、

❹［開く］をクリックします。

❺画像の表示位置を設定し、

❻［完了］→［公開］の順にクリックすれば完了です。

063 チャンネルの編集

説明文を設定する

チャンネルにはバナー画像やプロフィールアイコンを表示させるほか、チャンネルについての説明文を記載することができます。チャンネルの概要や、自分が投稿する動画の内容について、視聴者に伝えたいことを記入しましょう。

説明文を設定する

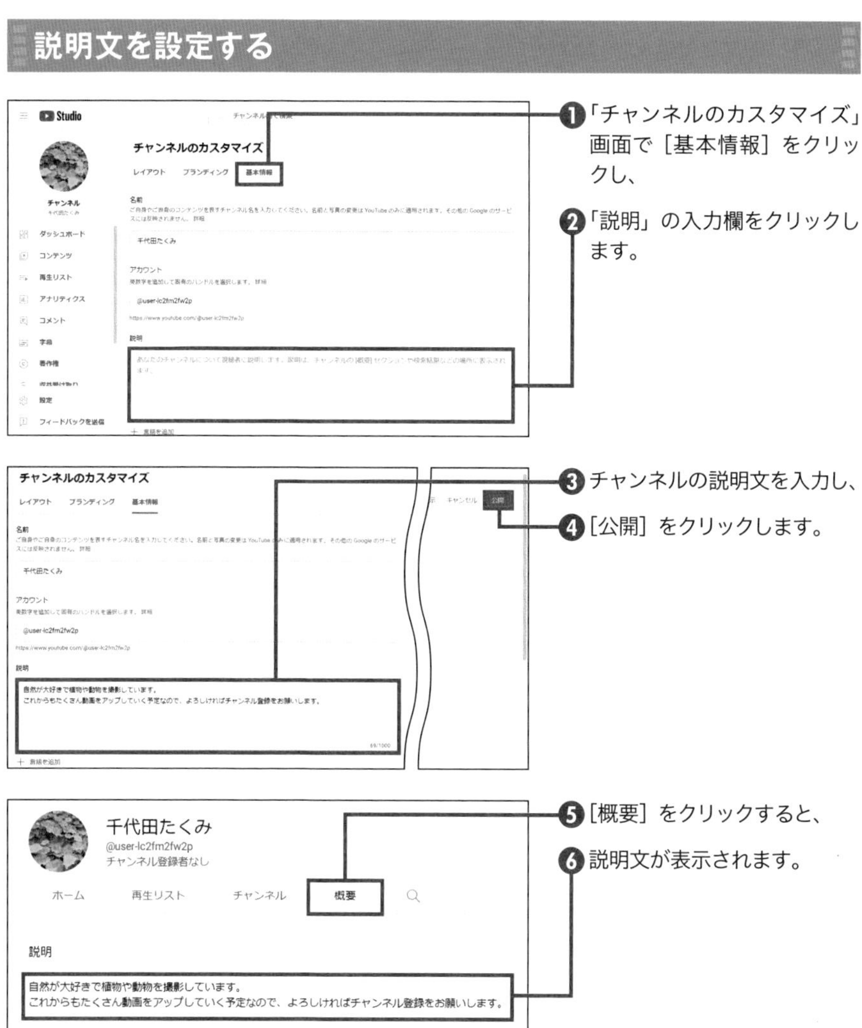

❶「チャンネルのカスタマイズ」画面で［基本情報］をクリックし、

❷「説明」の入力欄をクリックします。

❸チャンネルの説明文を入力し、

❹［公開］をクリックします。

❺［概要］をクリックすると、

❻説明文が表示されます。

064 チャンネルの編集
バナー画像上にWebリンクを追加する

バナー画像上には、WebサイトのURLを張ることができます。作成されたリンクはバナー画像の右下に表示されます。自身のWebサイトやブログ、SNSへの誘導など、さまざまな用途で利用できます。

Webリンクを追加する

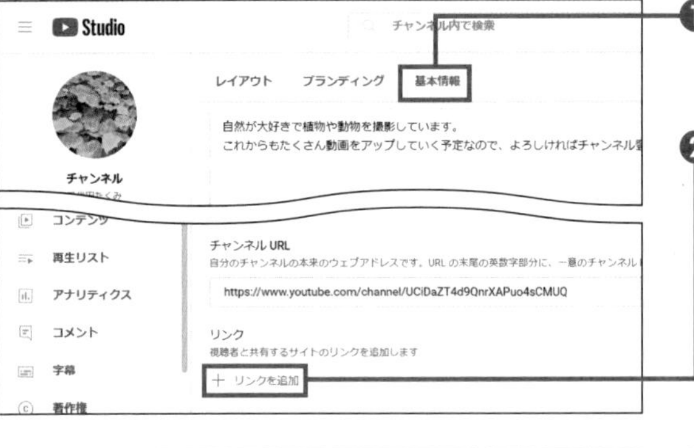

❶「チャンネルのカスタマイズ」画面で［基本情報］をクリックし、

❷［リンクを追加］をクリックします。

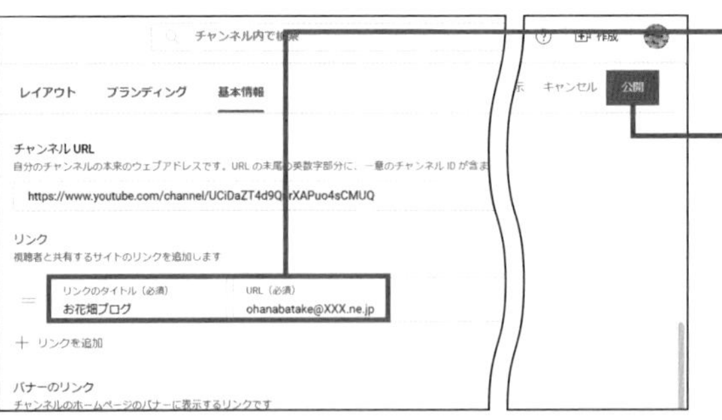

❸リンクの表示名とURLを入力します。

❹［公開］をクリックします。

❺バナー画像上にWebリンクが表示されます。

SECTION 065 チャンネルの編集

メールアドレスを追加する

チャンネルにはバナー画像に張るリンク以外に、ビジネス関係などの問い合わせ先としてメールアドレスを追加することができます。追加したメールアドレスは、チャンネルの「概要」タブ内に表示されます。

メールアドレスを追加する

Studio
チャンネル内で検索
レイアウト　ブランディング　基本情報
著作権
設定
フィードバックを送信
連絡先情報
あなたのビジネスに関する問い合わせ先を記載してください。入力したメールアドレスは、チャ
できます。
メール
メールアドレス

❶「チャンネルのカスタマイズ」画面で［基本情報］をクリックし、

❷［メールアドレス］をクリックします。

レイアウト　ブランディング　基本情報
チャンネルを表示　キャンセル　公開
チャンネル URL
https://www.youtube.com/channel/UCIDaZT4d9QnrXAPuo4sCMUQ
リンク
お花畑ブログ
ohanabatake@XXX.ne.jp
バナーのリンク
最初の 5 件のリンク
連絡先情報
メール
chiyodatakumi1110@gmail.com

❸メールアドレスを入力します。

❹［公開］をクリックします。

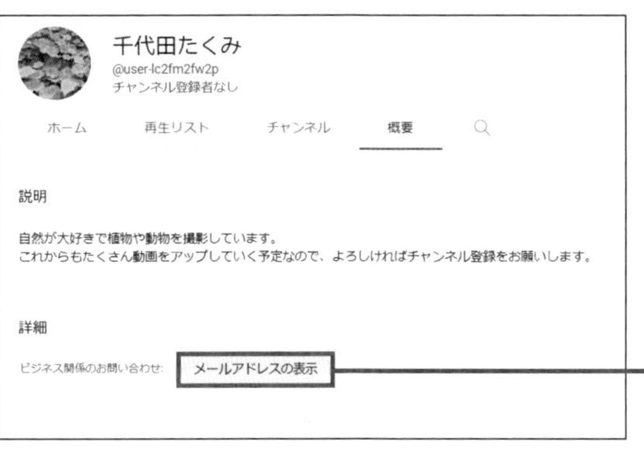

❺追加したメールアドレスは、チャンネルの「概要」タブ内に表示されます。

❻［メールアドレスの表示］をクリックすると、メールアドレスが表示されます。

SECTION 066 チャンネルの編集

ほかのユーザーからの見え方を確認する

チャンネルを開くと通常は管理者の画面が表示されますが、チャンネルの見え方は管理者とほかのユーザーであまり変わりません。ここでは、ほかのユーザーからのチャンネルの見え方を確認する方法を説明します。

公開向けの画面を表示する

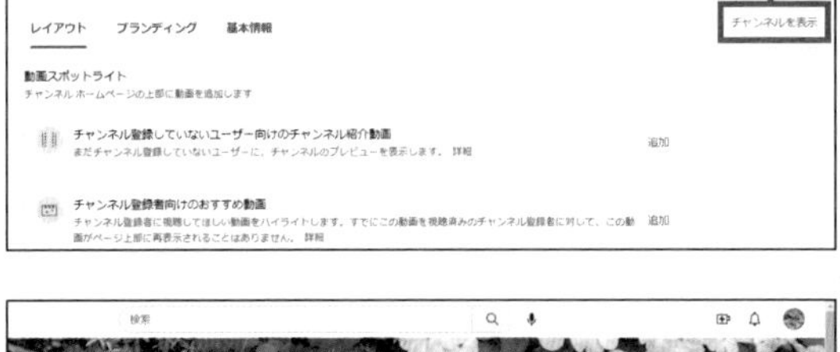

❶「チャンネルのカスタマイズ」画面で［チャンネルを表示］をクリックします。

❷ほかのユーザーが見たときの、自分のチャンネルが表示されます。

❸［チャンネルをカスタマイズ］をクリックすると、手順❶の画面に戻ります。

MEMO 動画を管理

［動画を管理］をクリックすると、YouTube Studioの「チャンネルのコンテンツ」画面が開き、投稿している動画やライブ配信の管理ができます。

COLUMN チャンネル紹介用の動画の作成

ほかのユーザーがチャンネルにアクセスすると「ホーム」タブ画面が表示され、チャンネル登録者や新規訪問者向けにそれぞれ動画を設定できます（Sec.069、070参照）。チャンネル紹介用の動画を制作する場合は、再生時間をなるべく短くすることを心がけましょう。いちばん伝えたいことを、簡潔に、面白く表現して、まずは興味を持ってもらうことが大切です。

公開される情報を限定する

チャンネルでは一部の情報に限り、情報を非公開にすることができます。非公開にできる情報は「保存した再生リスト」と「すべての登録チャンネル」です。非公開設定はいつでも変更することができます。

公開される情報を限定する

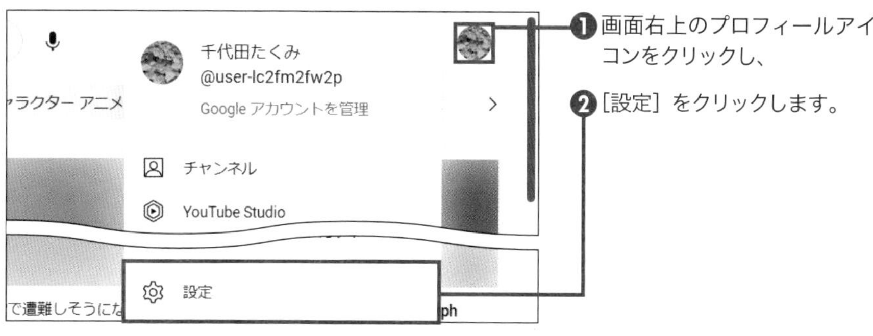

❶画面右上のプロフィールアイコンをクリックし、

❷［設定］をクリックします。

❸［プライバシー］をクリックします。

プライバシー
YouTube で共有するコンテンツを管理する
保存した再生リストをすべて非公開にする
すべての登録チャンネルを非公開にする

❹非公開設定の内容を選択します。ここでは「保存した再生リストをすべて非公開にする」と「すべての登録チャンネルを非公開にする」をオンにしました。

068 チャンネルの編集

おすすめチャンネルを表示する

動画や再生リスト、ほかのチャンネルなどをおすすめとして表示でき、チャンネルホームページのレイアウトをカスタマイズできます。おすすめチャンネルを表示するには、チャンネルのカスタマイズから、セクションを作成して行います。

おすすめチャンネルを追加する

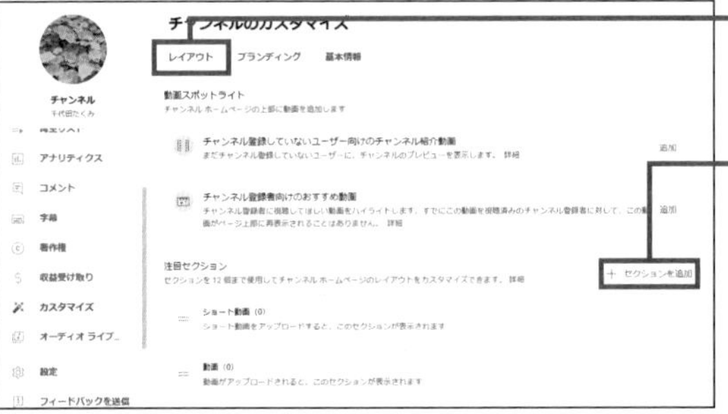

❶「チャンネルのカスタマイズ」画面で［レイアウト］をクリックし、

❷［セクションを追加］→［注目チャンネル］の順にクリックします。

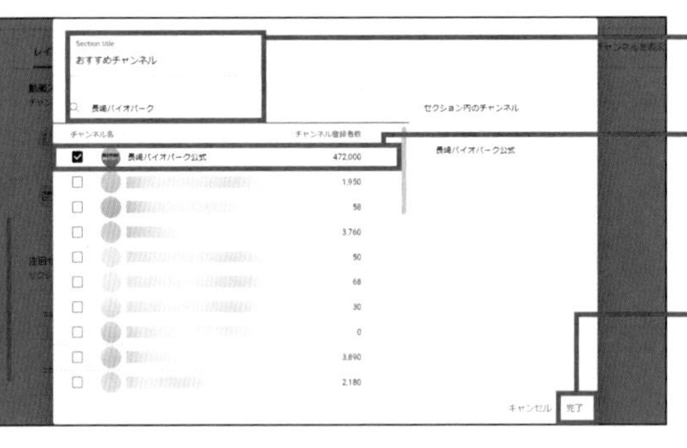

❸セクション名と追加したいチャンネル名を入力します。

❹表示されたチャンネルのうち、追加したいチャンネルをクリックして選択し、チェックをつけます。

❺［完了］をクリックします。

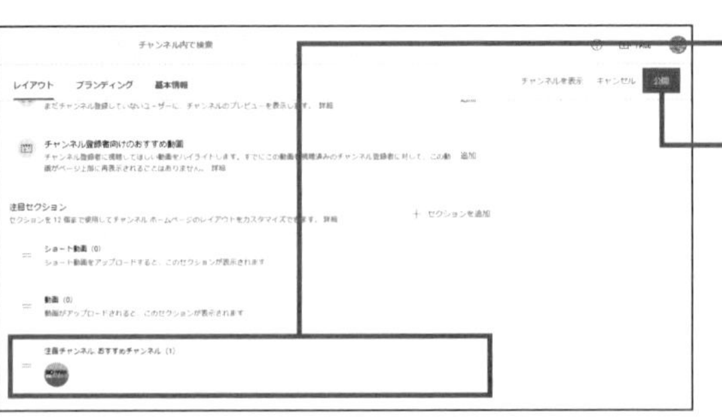

❻おすすめチャンネルが追加されます。

❼［公開］をクリックすると、チャンネルに反映されます。

069 チャンネルの編集

チャンネル登録者向けにおすすめ動画を表示する

チャンネル登録したユーザーに対して、自分の投稿動画の中からおすすめのものを選んで表示することができます。視聴者に対してアピールしたい動画を選び、おすすめ動画に設定してみましょう。

動画をおすすめする

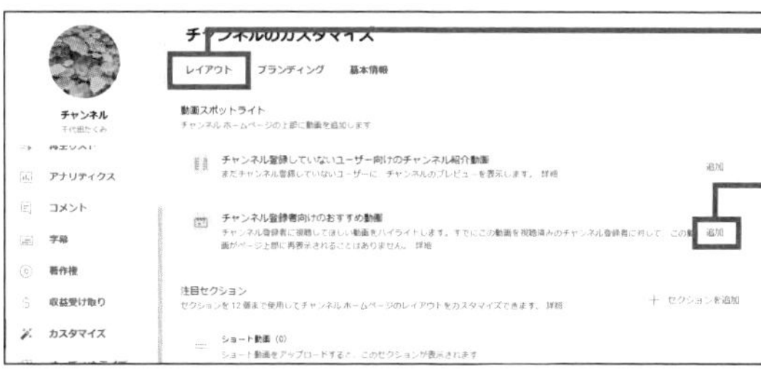

❶「チャンネルのカスタマイズ」画面で［レイアウト］をクリックします。

❷「動画スポットライト」にある「チャンネル登録者向けのおすすめ動画」の［追加］をクリックします。

❸おすすめしたい動画をクリックします。

❹［公開］をクリックします。

❺おすすめ動画が設定されます。

❻おすすめ動画を変更・削除したい場合は ⋮ →［動画を変更］（または［動画を削除］）の順にクリックします。

SECTION 070 チャンネルの編集

新規訪問者向けにチャンネル紹介用の動画を表示する

チャンネルは、チャンネル登録をしてくれたユーザーとチャンネル未登録のユーザーとで、別の画面を表示することができます。未登録ユーザーに対しては、自分のチャンネルを紹介する動画を表示することが可能です。

チャンネル紹介用の動画を追加する

❶「チャンネルのカスタマイズ」画面で［レイアウト］をクリックします。

❷「動画スポットライト」にある「チャンネル登録していないユーザー向けのチャンネル紹介動画」の［追加］をクリックします。

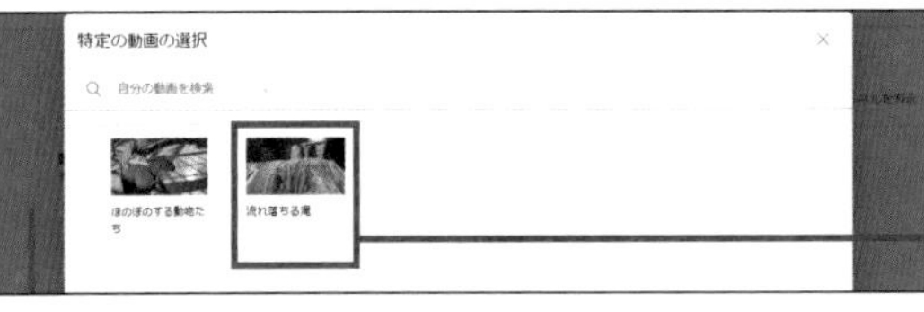

❸チャンネル紹介動画にしたい動画をクリックします。

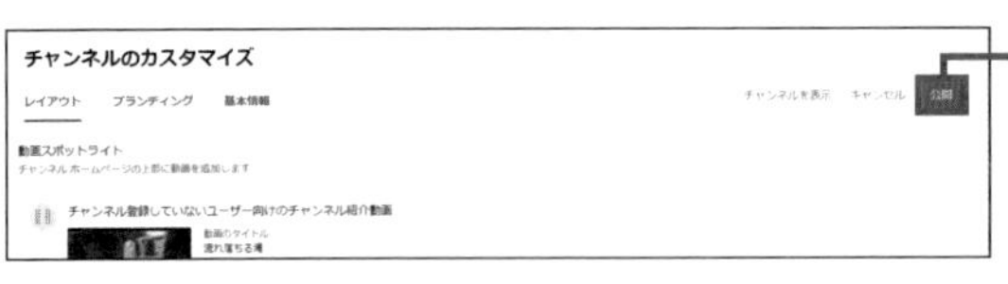

❹［公開］をクリックします。

❺チャンネル紹介動画が設定されます。

❻チャンネル紹介用動画を変更・削除したい場合は︙→［動画を変更］（または［動画を削除］）の順にクリックします。

第1章 第2章 第3章 チャンネルの編集 第4章

071 チャンネルの編集

チャンネルの「セクション」とは

YouTubeにはセクションと呼ばれる機能があります。セクションは任意のコンテンツをチャンネル内に表示し、視聴者に対して、そのコンテンツの内容や関連した投稿動画をより際立たせることができる機能です。

セクションとは

セクションを利用すると、チャンネル内に最近のアップロードの一覧や人気のアップロード、作成した再生リストなどをチャンネル内に表示することができます。セクションを利用すると効率的に動画を宣伝することができ、視聴者の導線を作ることによって再生数が大きく伸びることが期待できます。セクションは1つのチャンネルにつき12セクションまで追加が可能で、大きく分けて以下の3種類があります。

①動画セクション
「アップロード動画」「人気の動画」「ショート動画」「過去のライブ配信」などを追加できます。

②再生リストセクション
「1つの再生リスト」「複数の再生リスト」「作成したすべての再生リスト」を追加できます。

③チャンネルセクション
「登録チャンネル」と「注目チャンネル」などを追加できます。

第1章
第2章
チャンネルの編集 第3章
第4章

072 人気の動画をセクションで表示する

チャンネルの編集

セクションを追加することで、自分の投稿した最新の動画を表示できます。常に新しい動画がいちばん左（レイアウトが縦の場合はいちばん上）に表示されるので、訪問した視聴者に注目されやすくなります。

人気の動画を追加する

❶「チャンネルのカスタマイズ」画面で［レイアウト］をクリックし、

❷［セクションを追加］をクリックします。

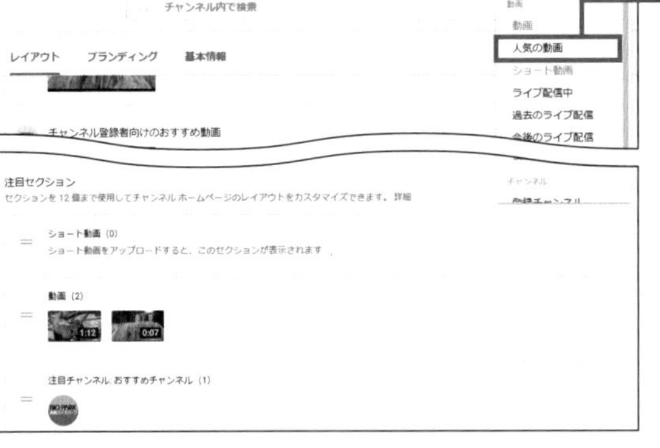

❸［人気の動画］をクリックします。

❹「人気の動画」セクションが追加されました。

❺［公開］をクリックします。

MEMO セクションを削除する

セクションの右上に表示される ⋮ をクリックし、［セクションを削除］をクリックすると、セクションを削除できます。

073 チャンネルの編集 「コミュニティ」で交流する

「コミュニティ」ではアップロードした動画以外で視聴者との交流が可能で、YouTube Studioから投稿の確認や投稿ができます。コミュニティ機能を利用するには、チャンネル登録者数が500人以上になるか、チャンネル上級者向け機能を有効にする必要があります。

「コミュニティ」で交流する

YouTube の「コミュニティ」とは、アップロードした動画以外で視聴者とやり取りできる機能のことです。コミュニティではテキストや画像、動画のほか、GIF やアンケートなども投稿できます。コミュニティの投稿は、YouTube Studio の「コンテンツ」にある「投稿」タブから確認するほか、チャンネルの「コミュニティ」タブからも確認できます。
コミュニティを利用するには、チャンネル登録者数が 500 人以上になるか、チャンネル上級者向け機能が有効になっている必要があります。なお、条件を満たしている場合でも、チャンネル登録者数が 500 人に到達してから最長で 1 週間、上級者向け機能を有効にしてから最長で 48 時間かかることがあります。

チャンネルの「コミュニティ」タブから投稿を確認できます。

設定

全般
チャンネル
アップロード動画のデフォルト設定
権限
コミュニティ
契約

基本情報　詳細設定　機能の利用資格

YouTube の幅広い機能の利用について管理できます。中級者向け機能および上級者向け機能を利用するには、追加の確認が必要です。このプロセスは、すべてのユーザーにとって YouTube コミュニティを安全に保つために役立ちます。詳細

1. 標準機能 — 有効
動画のアップロード、再生リストの作成、再生リストへのコラボレーターと新…

2. 中級者向け機能 — 利用資格あり
15 分を超える動画、カスタム サムネイル、ライブ配信、Content ID…

3. 上級者向け機能 — 利用資格あり
1 日あたりの動画のアップロードとライブ配信の上限引き上げ、収益…

閉じる　保存

YouTube Studioの［設定］→［チャンネル］→［機能の利用資格］の順にクリックすると、利用資格の一覧を確認できます。上級者向け機能を有効にすると、コミュニティ機能を利用できるようになります。

074 チャンネルの編集 チャンネルへのコメントを非表示にする

チャンネルには自由にコメントできる機能があります。コメント欄は視聴者とのコミュニケーションを取れる貴重な場ですが、動画と関係ない会話や誹謗中傷が投稿されてしまう場合もあります。そのような場合、コメントを非表示にしてしまうことをおすすめします。

チャンネルへのコメントを非表示にする

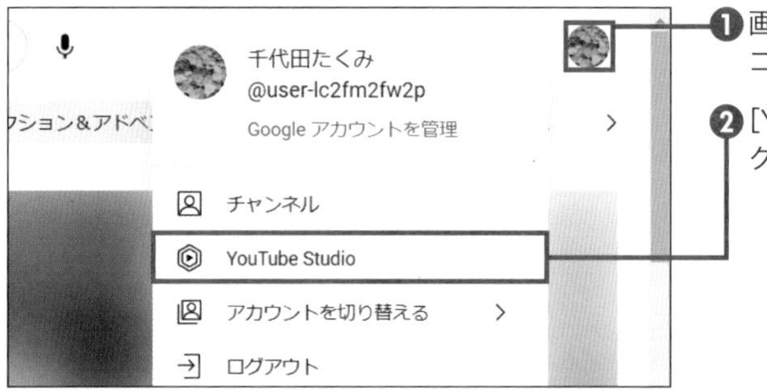

❶画面右上のプロフィールアイコンをクリックし、

❷［YouTube Studio］をクリックします。をクリックします。

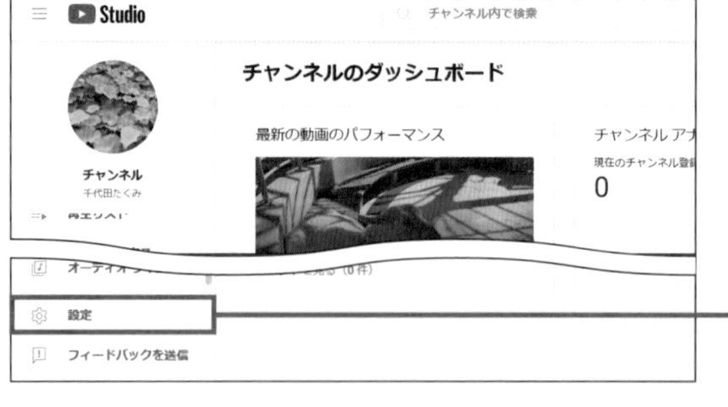

❸［設定］をクリックします。

❹［コミュニティ］→［デフォルト］の順にクリックし、

❺「チャンネルへのコメント」の［コメントを無効にする］をクリックしてチェックをつけ、

❻［保存］をクリックします。

SECTION 075 チャンネルの編集

新しいチャンネルを作成する

YouTubeでは1つのアカウントで複数のチャンネルを作成できるため、動画の内容に応じて、テーマやシリーズに合わせたチャンネル作りが可能です。新しいチャンネルを作成するには、設定から操作します。

新しいチャンネルを作成する

❶ 画面右上のプロフィールアイコンをクリックし、

❷［設定］をクリックします。

アカウント

YouTube での表示方法や表示される内容を選択する

chiyodatakumi1110@gmail.com としてログインしています

YouTube チャンネル

これが YouTube における、あなたの公開ステータスです。自分の動画をアップロードしたり、動画にコメントしたり、再
ネルが必要です。

チャンネル　千代田たくみ

チャンネルのステータスと機能

新しいチャンネルを作成する

詳細設定を表示する

❸ アカウント設定画面が開きます。

❹「YouTubeチャンネル」の［新しいチャンネルを作成する］をクリックします。

チャンネル名の作成

ブランドの名前でも他の名前でも構いません。ご自身や制作するコンテンツにふさわしいチャンネル名を設定してください。チャンネル名はいつでも変更できます。詳細

チャンネル名

かわいい動物シリーズ

新しい Google アカウントを独自の設定（YouTube での検索履歴と再生履歴など）で作成していることを理解しています。詳細

キャンセル　作成

❺ 作成したいチャンネル名を入力し、

❻「新しいGoogleアカウントを独自の設定（YouTubeでの検索履歴と再生履歴など）で作成していることを理解しています。」にチェックをつけ、

❼［作成］をクリックすると、チャンネルが作成されます。

第1章 第2章 第3章 チャンネルの編集 第4章

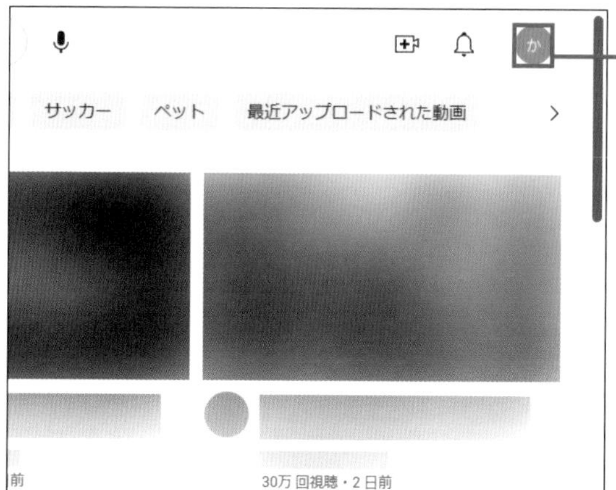

❽ホーム画面が表示されるので、画面右上のプロフィールアイコンをクリックします。

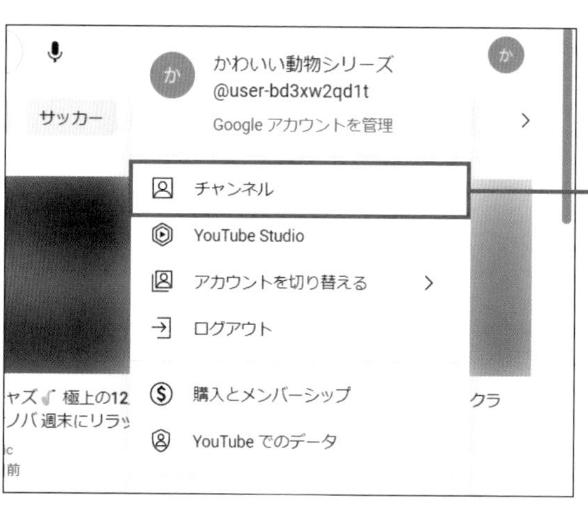

❾［チャンネル］をクリックします。

❿アカウントに新しくチャンネルを作成することができました。

チャンネルの切り替え方法はP.139を参照してください。

チャンネルを切り替える

Youtubeに複数のチャンネルを登録している場合、それぞれを切り替えて利用することができます。投稿している動画のジャンルごとにチャンネルを分けることもできるので、動画の管理がしやすくなります。

チャンネルを切り替える

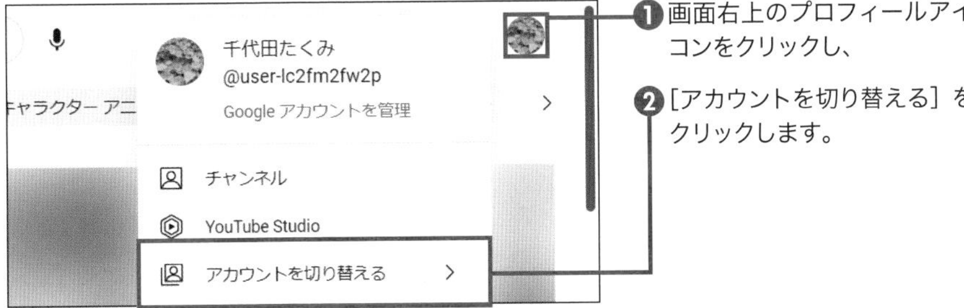

❶画面右上のプロフィールアイコンをクリックし、

❷［アカウントを切り替える］をクリックします。

❸複数のチャンネルを作成している場合、チャンネルの一覧が表示されます。

❹切り替えたいチャンネルをクリックします。

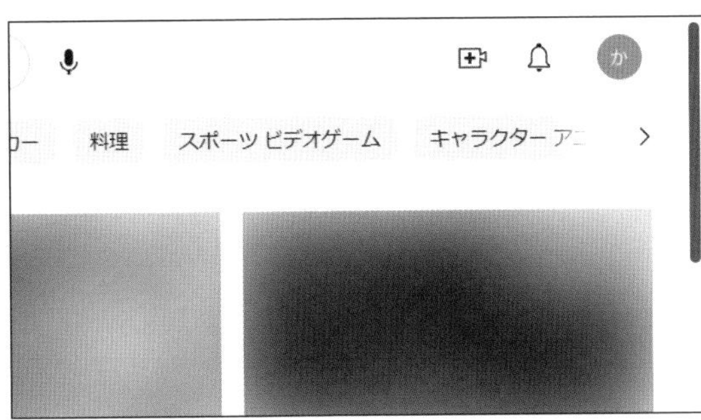

❺チャンネルを切り替えることができます。P.138 手順❽〜❿を参考にチャンネル画面を表示します。

MEMO もとに戻す

同様の操作を行えば、チャンネルをもとに戻すことができます。

チャンネル認証バッジとは

チャンネル認証バッジとは、そのチャンネルがYouTubeに認証されていることを表すバッジです。チャンネル登録者数が10万人に達しているチャンネルは、YouTubeに認証を申し込み、審査を通過するとチャンネル認証バッジを獲得できます。

チャンネル認証バッジとは

YouTube に認証されているチャンネルは、チャンネル名の横に認証のチェックマークが表示されます。チャンネル認証バッジがついているチャンネルは、特定のクリエイター、アーティスト、企業、有名人などによる公式チャンネルであることを表します。公式チャンネルとYouTube 上のよく似た名前のチャンネルを、視聴者が区別しやすくするためのしくみです。
チャンネル認証バッジを得るには、チャンネルの認証を YouTube に申し込む必要があります。その際、チャンネル登録者数が 10 万人に到達している必要があります。要件を満たしているチャンネルは審査ののち、条件を満たしていれば、チャンネル認証バッジを付与されます。なお、チャンネル登録者数が 10 万人に満たない場合であっても、YouTube 以外で広く認知されているチャンネルであれば、今後の進展を期待して認証されることもあります。

YouTubeに認証されているチャンネルは、チャンネル名の横に✔が表示されます。

COLUMN 認証なしでもチャンネルを区別させるには?

チャンネルを認証することで、視聴者は公式チャンネルとよく似た名前のチャンネルとを区別しやすくなります。このほか、「独自のチャンネル名を設定する」「プロフィール写真に高画質の画像を使用する」「チャンネルレイアウトとブランディングをカスタマイズする」といった方法で、認証なしの場合でもチャンネルを区別させることが可能です。

第4章

リスナーと交流！ライブ配信のテクニック

078 配信に必要なものとは

ライブ配信

YouTubeでの動画の配信には、ゲーム配信や雑談配信、顔出し配信などさまざまな種類があります。配信の種類によって、必要なものも異なります。各種の機材やソフトなど、自分がしたい配信のスタイルに合わせて準備しましょう。

配信に必要なもの

YouTube にはさまざまな配信のスタイルがあり、スタイルによって必要な機材やソフトは異なります。視聴者と雑談を行う「雑談配信」の場合はマイクが、顔を出して配信する「顔出し配信」の場合は Web カメラが必須です。

Web カメラ

顔出し配信をする際、パソコンにカメラがついていない場合はWebカメラを購入しましょう。USBケーブルでパソコンと接続できます。

マイク

屋内で使用する場合はUSBでパソコンに接続できるコンデンサーマイクが、屋外で使用する場合はカメラ用マイクやピンマイクがおすすめです。スマートフォンで撮影する場合は、スマートフォンのイヤホンジャックや充電口に接続して使用できるスマートフォン用マイクもあります。

配信にあると便利なもの

ゲームをしている様子を実況する「ゲーム配信」には、マイクとヘッドフォンが一体化したヘッドセットがおすすめです。音楽を演奏している様子を配信する「音楽配信」ではヘッドセットのほかにも、オーディオインターフェース機能を備えたミキサーがあると便利です。

ヘッドセット

マイクとヘッドセットが一体化した形で、ゲーム実況などの配信スタイルによく使用されます。マイクが小さいため、コンデンサーマイクなどより音質は劣るのが一般的です。

ミキサー

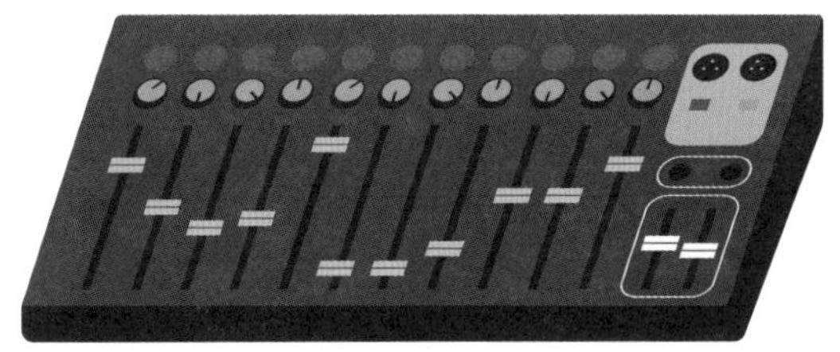

コンデンサーマイクとパソコンを接続する際に必要です。音声にエコーなどのエフェクトをかけることができます。

配信ソフト

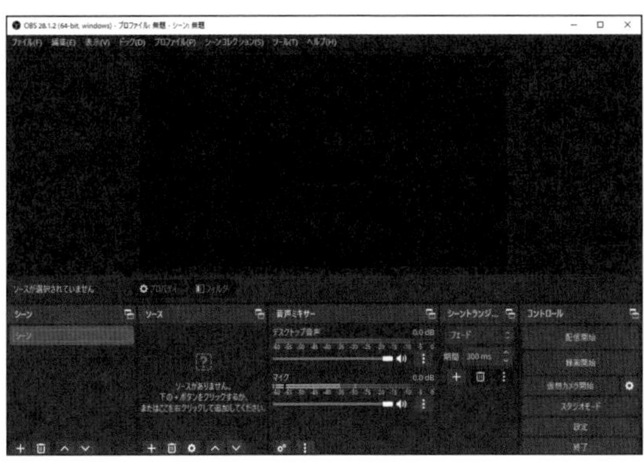

配信ソフトを使用することで、高画質・高音質の配信が可能です。配信ソフトによっては、配信画面の編集や映像切り替え、外部配信サイトとの同時配信なども可能です。詳しくはSec.079を参照してください。

079 ゲーム配信をするには

ライブ配信

ゲームを実況する様子を配信する「ゲーム配信」には、キャプチャーソフトやキャプチャーボードなど特別な機材が必要です。なお、オンラインゲームでゲーム配信する場合は、キャプチャーボードは必要ありません。

ゲーム配信に必要なもの

ゲーム機器を使用してゲーム配信をする場合は、キャプチャーソフトやキャプチャーボードが必要です。キャプチャーソフトとキャプチャーボードを使用することにより、ゲーム画面をパソコン画面に表示させ、配信することができます。なお、オンラインゲームやSteam（https://store.steampowered.com/?l=japanese）などのパソコン上でプレイするゲームは、キャプチャーボードを使用しなくてもゲーム画面を配信できます。自分が配信したいゲームは別途機材が必要かどうか、事前に確認しましょう。

ゲーム配信の接続例

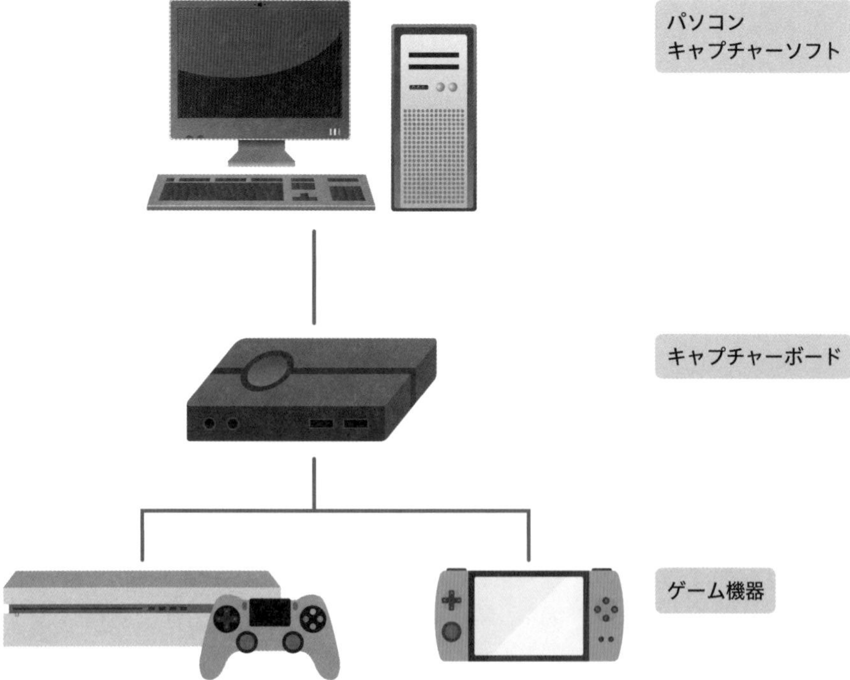

キャプチャーボード

キャプチャーボードとは、ゲーム機やスマートフォンのゲーム画面、音声をパソコンに表示させるための機材です。なお、ゲーム機によってはキャプチャーボードに接続できないものもあるため注意しましょう。

▲ AVerMedia「Live Gamer Extreme 2」。https://www.avermedia.com/jp/product-detail/GC551

キャプチャーソフト

キャプチャーソフトとは、キャプチャーボードで接続したゲーム画面を配信したり、録画、編集したりするためのソフトです。一般的にキャプチャーソフトはキャプチャーボードに付属しており、無料で使用できます。

▲ Bandicam Company「Bandicam」。https://www.bandicam.jp/

080 ライブ配信を開始する

ライブ配信

機材やソフトの準備ができたら、さっそくライブ配信を開始しましょう。ライブ配信はYouTubeのホーム画面から開始できます。なお、ここでは配信ソフトを使用した配信「エンコーダ配信」の紹介をします。

ライブ配信を開始する

❶画面右上の をクリックし、

❷[ライブ配信を開始] をクリックします。

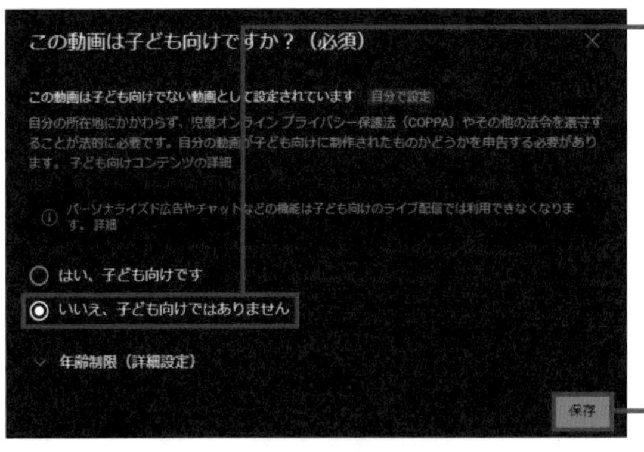

❸動画の視聴者層（ここでは、[いいえ、子ども向けではありません]）をクリックし、

❹[保存] をクリックします。

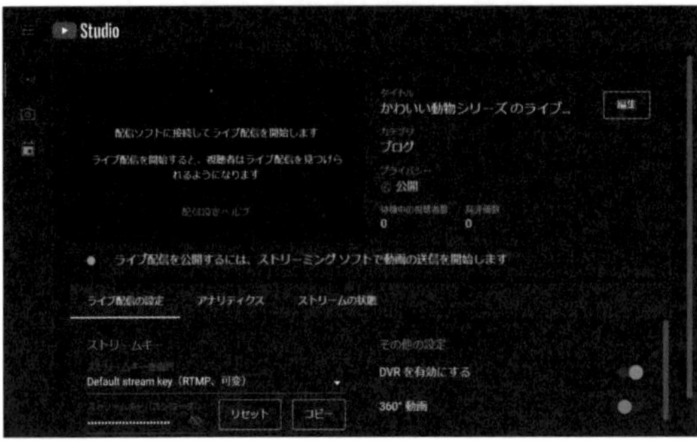

❺「YouTube Live Studio」画面が表示されます。

❻ Sec.049を参考に「Open Broadcaster Software」を起動します。

❼［配信開始］をクリックします。

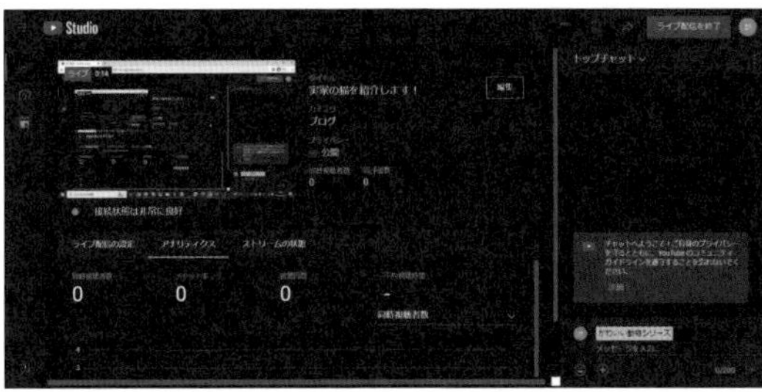

❽「YouTube Live Studio」画面を表示すると、配信が開始されていることを確認できます。

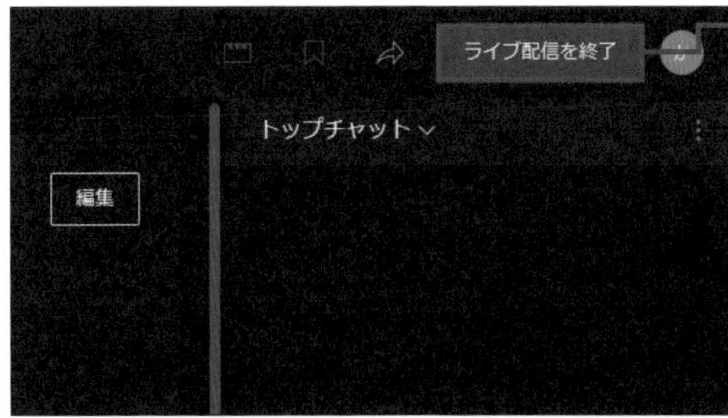

❾ 配信を終了する場合は、画面右上の［ライブ配信を終了］をクリックします。

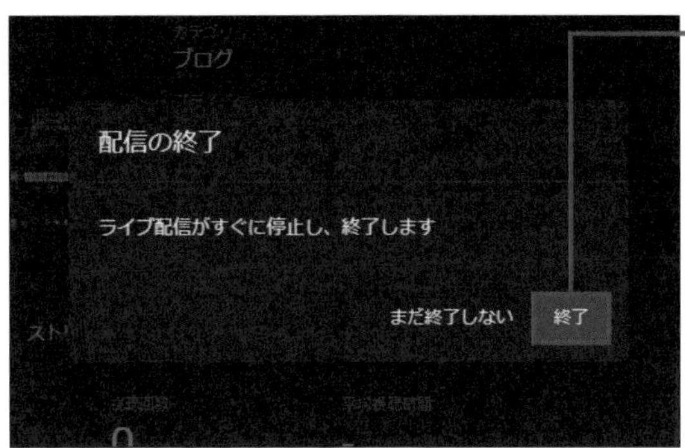

❿［終了］をクリックすると、ライブ配信が終了します。

MEMO OBSで配信終了する

「Open Broadcaster Software」画面の［配信終了］をクリックすることでも、配信を終了できます。

第1章 第2章 第3章 第4章 ライブ配信

081 ライブ配信

高画質でライブ配信を行う

YouTubeライブ配信の視聴者数や再生数には、画質の高さも大きく影響します。ゲーム配信などでは、特に画質が重視される傾向にあります。配信ソフトを使用して、高画質で配信されるように設定しましょう。

ライブ配信の画質を高画質にする

❶Sec.049を参考に「Open Broadcaster Software」を起動します。

❷［設定］をクリックします。

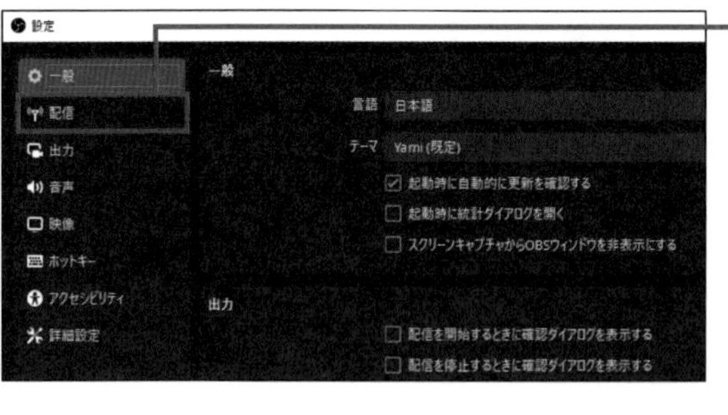

❸［配信］をクリックします。

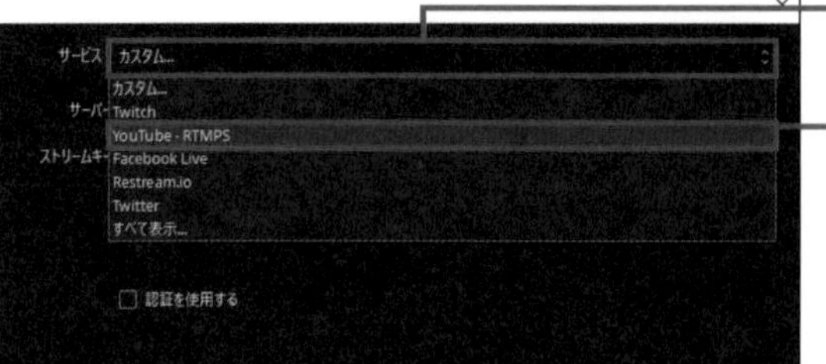

❹「サービス」の［カスタム］をクリックし、

❺［YouTube-RTMPS］をクリックします。

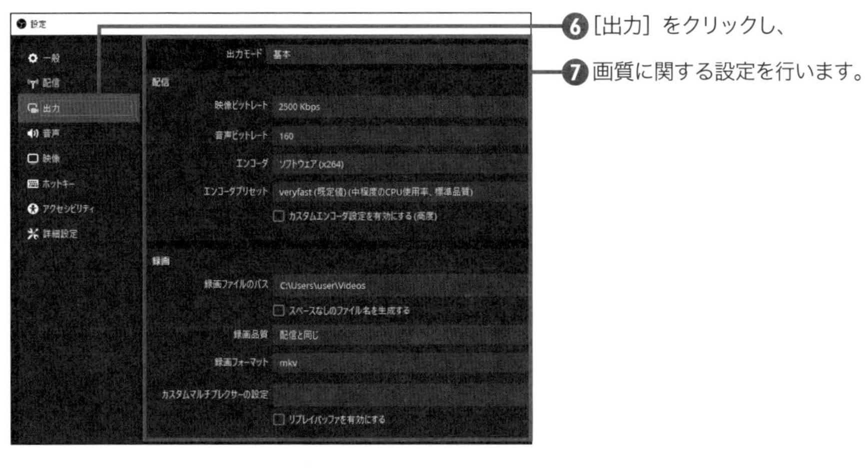

❻［出力］をクリックし、

❼画質に関する設定を行います。

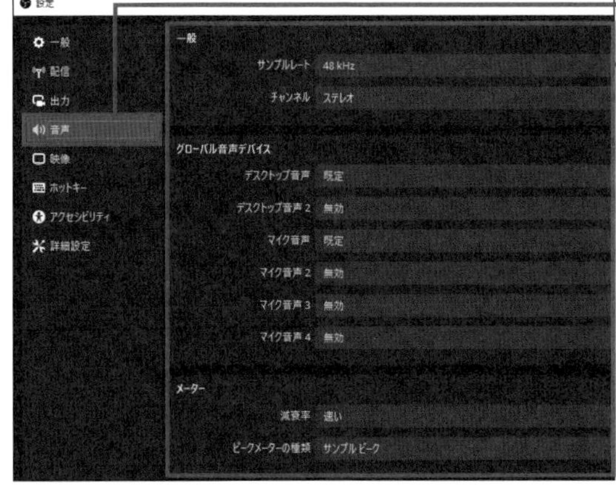

❽［音声］をクリックし、

❾音質に関する設定を行います。

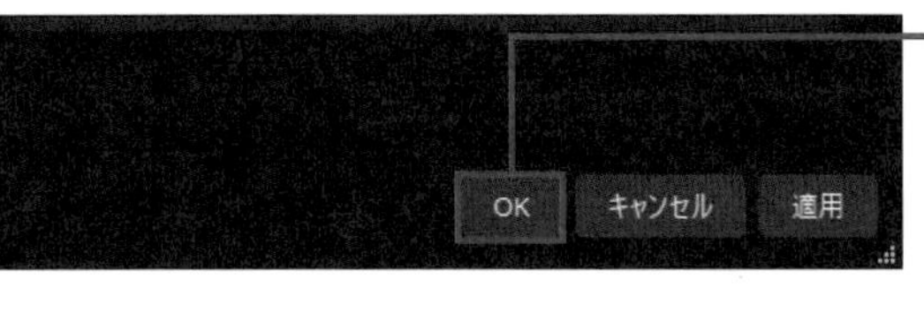

❿［OK］をクリックします。

⓫［配信開始］をクリックすると、更新した設定で配信が開始されます。

082 ライブ配信 公開範囲を設定する

初期設定のままライブ配信を開始すると、全世界に公開されます。動作確認のための配信や特定の人に向けた配信などをしたい場合は、公開範囲を変更しましょう。公開範囲は「公開」、「限定公開」、「非公開」から選択が可能です。

公開範囲を変更する

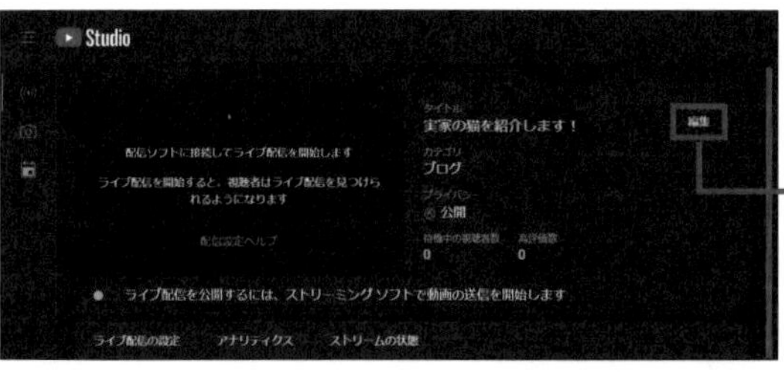

❶ Sec.080を参考に「YouTube Live Studio」画面を表示します。

❷ [編集] をクリックします。

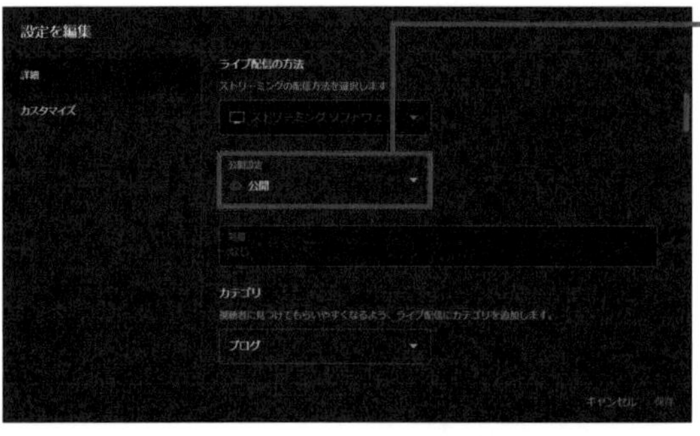

❸ [公開設定] をクリックします。

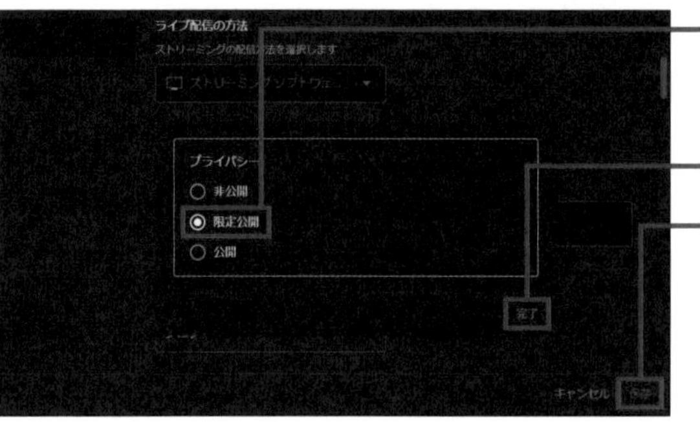

❹ 任意の公開設定（ここでは [限定公開]）をクリックして選択し、

❺ [完了] をクリックして、

❻ [保存] をクリックします。

083 ライブ配信

配信の予約をする

エンコーダ配信の場合は、配信の予約をすることが可能です。予約をすることによって自分のチャンネルに予約した配信が表示されるため、チャンネル登録者に対して今後の配信をお知らせできます。

ライブ配信の予約をする

❶ Sec.080を参考に「YouTube Live Studio」画面を表示します。

❷ ガイドの項目から［管理］をクリックし、

❸［ライブ配信をスケジュール設定］をクリックします。

❹ タイトルや説明、視聴者層を設定し、

❺［次へ］→［次へ］の順にクリックします。

❻ ライブ配信の開始日時を設定し、

❼［完了］をクリックします。

084 配信のタイトルや概要欄を入力する

ライブ配信

配信のタイトルや概要欄は、配信設定時に入力することができます。配信内容を紹介するほかにも、サムネイルや再生リスト、視聴者層の設定なども変更ができます。配信する前に確認しましょう。

ライブ配信のタイトルや概要欄を確認する

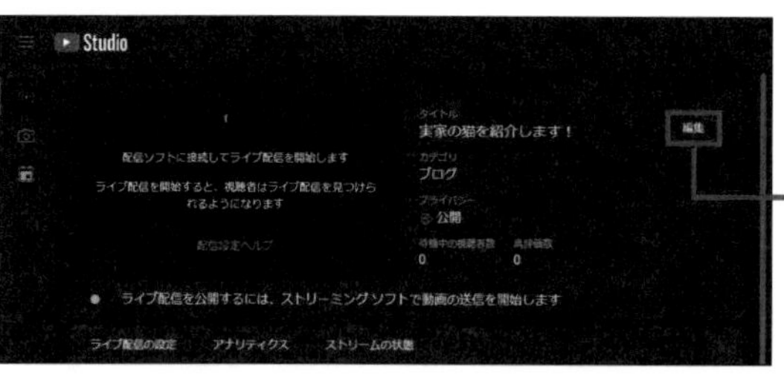

❶ Sec.080を参考に「YouTube Live Studio」画面を表示します。

❷［編集］をクリックします。

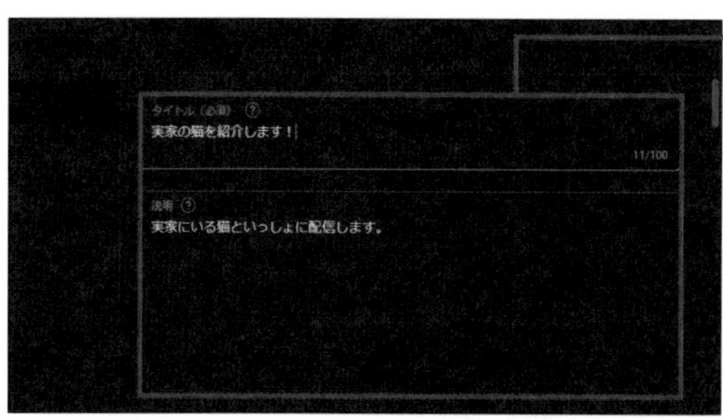

❸［タイトル］や［説明］をクリックすると入力できます。

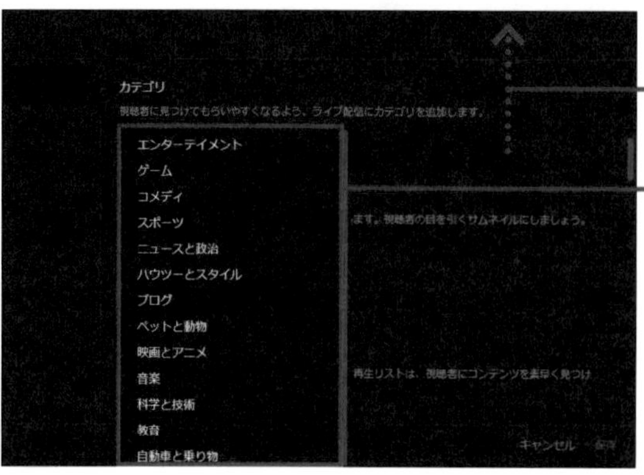

❹ 画面を上方向にスクロールします。

❺「カテゴリ」では、ライブ配信のカテゴリを設定できます。

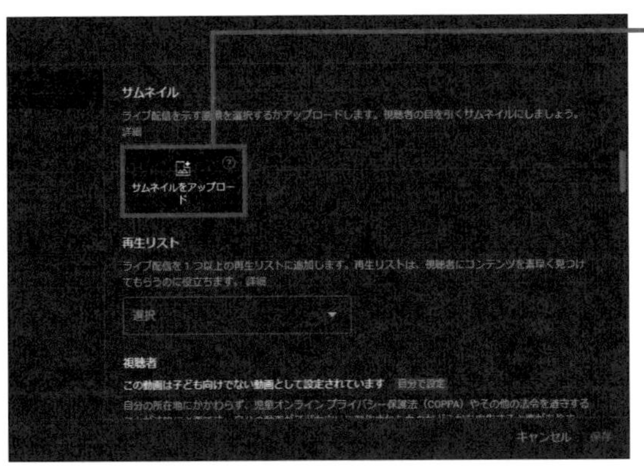

❻ [サムネイルをアップロード] をクリックすると、ライブ配信にサムネイルを設定できます。

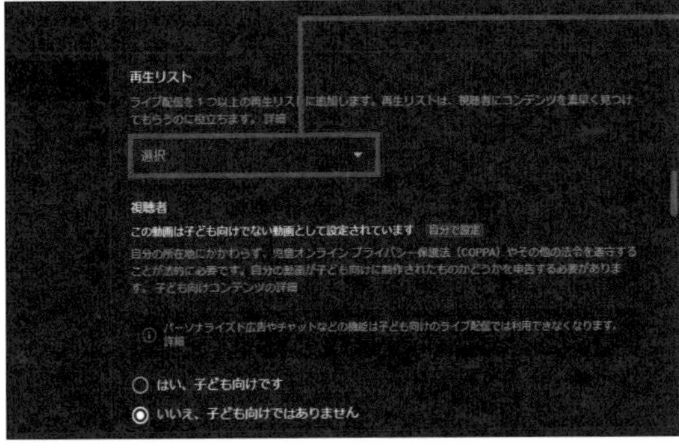

❼「再生リスト」の［選択］をクリックすると、再生リストにライブ配信を追加できます。

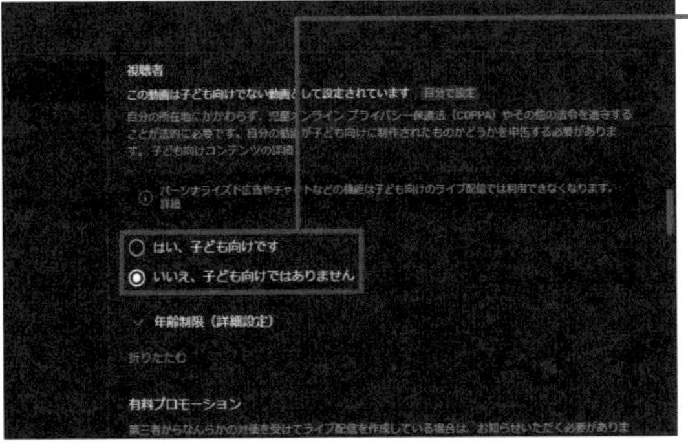

❽「視聴者」では、視聴者層の設定を変更できます。

❾［保存］をクリックすると、変更した内容が保存されます。

ライブ配信のチャット設定を確認する

❶ P.152 手順❷の画面で、[カスタマイズ] をクリックします。

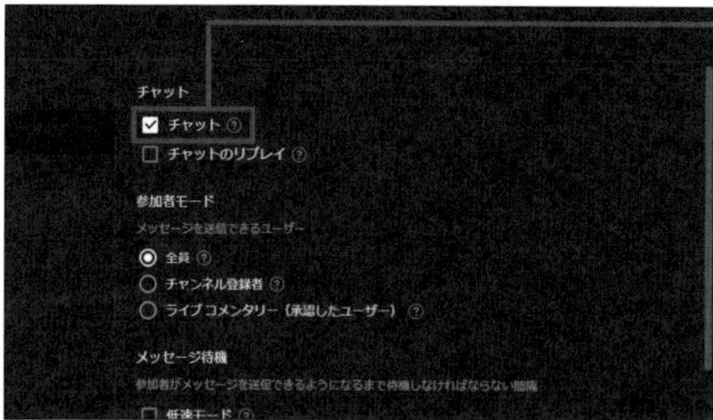

❷ [チャット] をクリックすると、チャットの有効・無効を切り替えることができます。

MEMO チャットのリプレイとは

「チャットのリプレイ」を有効にすると、ライブ配信の終了後でもライブ配信中のチャットのやり取りを確認できます。

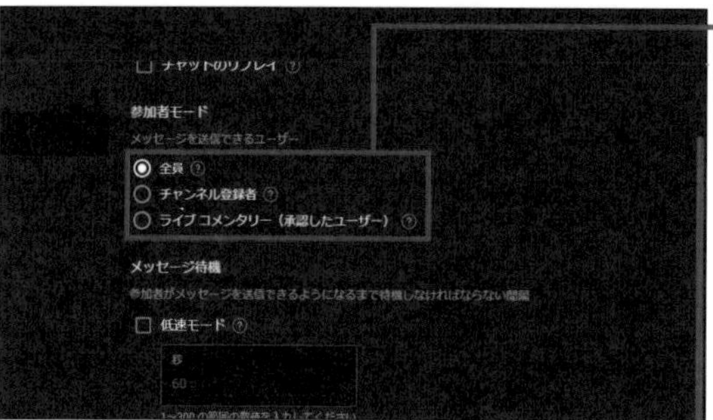

❸「参加者モード」では、チャットを送信できるユーザーを設定できます。

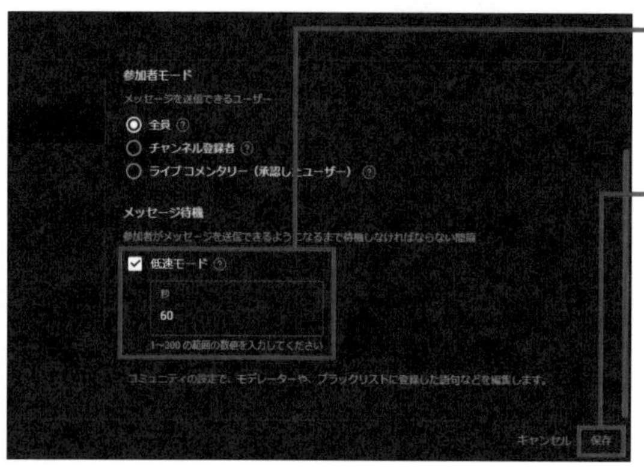

❹ [低速モード] をクリックして、秒数を設定すると、チャットを送信できる間隔を制限できます。

❺ [保存] をクリックすると、変更した内容が保存されます。

085 ライブ配信

ライブ配信中にアナリティクスを確認する

「YouTube Live Studio」画面では、ライブ配信中にアナリティクスやストリームの状態を確認できます。アナリティクスでは同時視聴者数やチャット率、ストリームの状態ではストリームが正常に送信されているかが表示されます。

YouTubeでライブ配信の詳しい設定を確認する

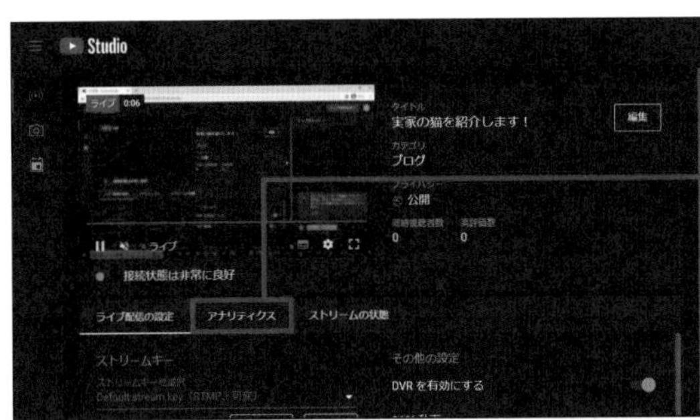

❶ Sec.080を参考に「YouTube Live Studio」画面を表示し、配信を開始します。

❷［アナリティクス］をクリックします。

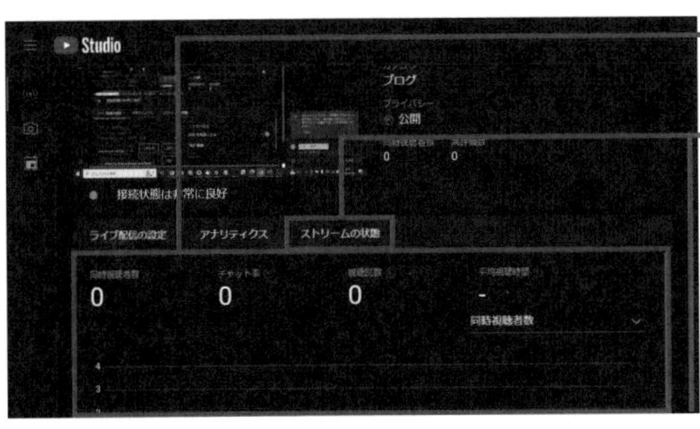

❸ 同時視聴者数やチャット率、視聴回数を確認できます。

❹［ストリームの状態］をクリックします。

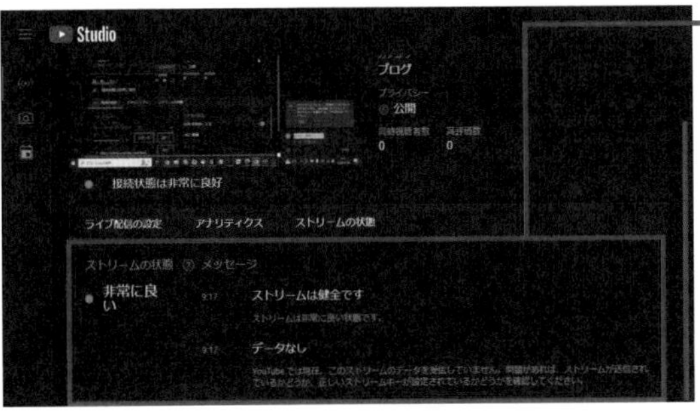

❺ ストリームの状態を確認できます。エラーが発生している場合は、エラーが表示されます。

投げ銭(スーパーチャット)を設定する

Super Chat（スーパーチャット）は「YouTube Studio」画面から設定できます。設定後、視聴者がスーパーチャットを送れるようになります。なお、収益化していない場合はSec.096を参考に、収益化を有効にしてください。

投げ銭（スーパーチャット）の設定をする

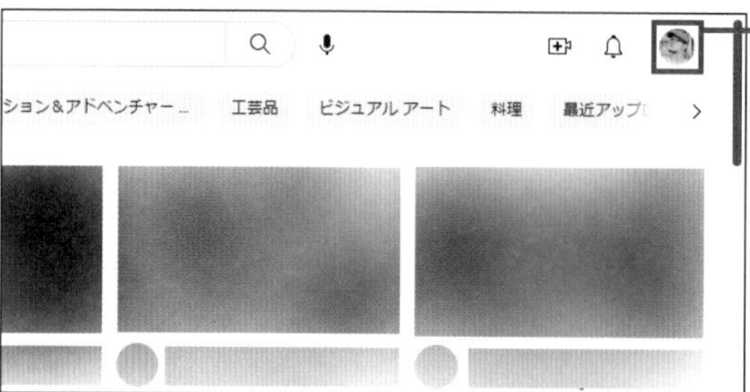

❶画面右上のプロフィールボタンをクリックし、

❷［YouTube Studio］をクリックします。

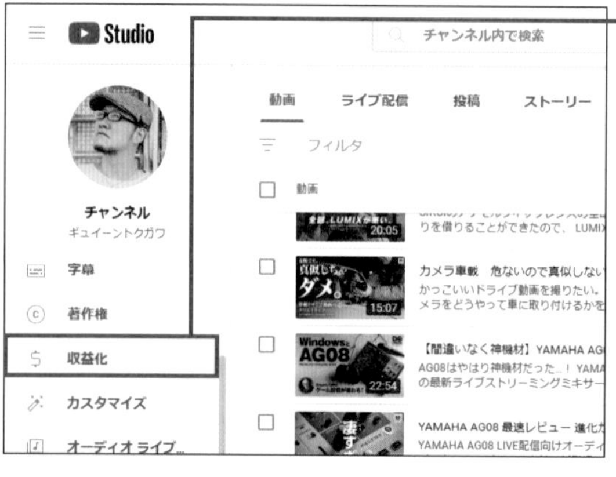

❸ガイドの項目から、［収益化］をクリックします。

チャンネルの収益化

概要　動画再生ページ広告　ショート フィード広告　メンバーシップ　Supers

収益を得る方法

動画再生ページ広告　有効
動画再生ページの広告と YouTube Premium で収益を得られます
表示

ショート フィード広告　有効
ショート フィードの広告と YouTube Premium で収益を得られます
表示

メンバーシップ
ファンクラブを結成して毎月会費を集め、限定特典を提供します
開始する

Supers　有効
1 回ごとの購入を通じて支援してくれるファンと交流します
表示

ショッピング
チャンネル全体で自身のストアの商品を紹介します

❹ [Supers] をクリックします。

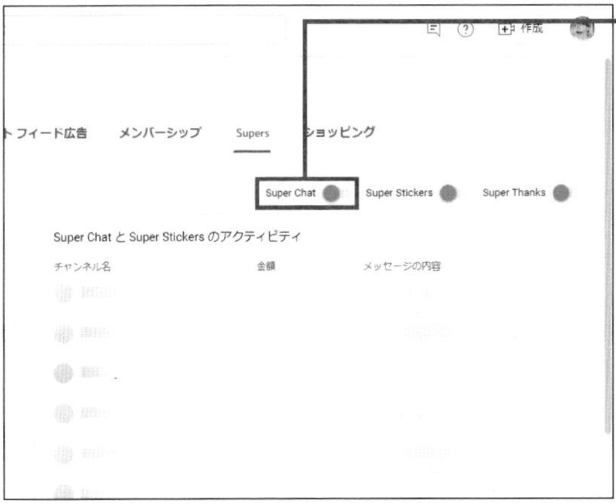

作成

ト フィード広告　メンバーシップ　Supers　ショッピング

Super Chat　Super Stickers　Super Thanks

Super Chat と Super Stickers のアクティビティ

チャンネル名　金額　メッセージの内容

❺ [Super Chat] をクリックします。

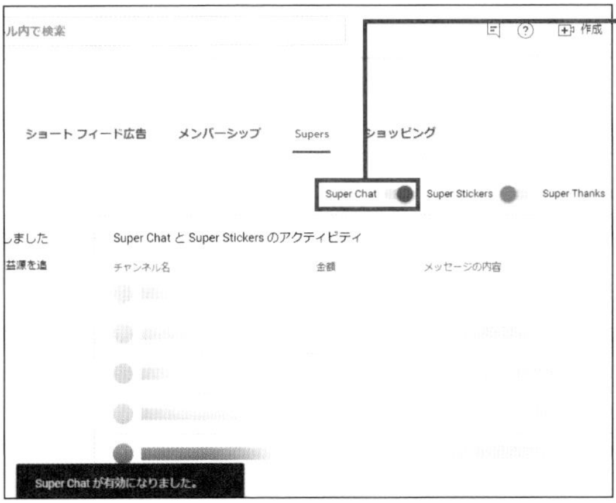

ル内で検索　作成

ショート フィード広告　メンバーシップ　Supers　ショッピング

Super Chat　Super Stickers　Super Thanks

しました
益源を追

Super Chat と Super Stickers のアクティビティ

チャンネル名　金額　メッセージの内容

Super Chat が有効になりました。

❻ スーパーチャットが有効になります。

配信中に気をつけること

動画と違い、ライブ配信は配信内容がリアルタイムに視聴者に届けられます。動画を編集することができないため、個人の特定につながることやYouTubeの利用規約に違反することを話したり、カメラに映したりしないように気をつけましょう。

配信中に気をつけること

個人を特定できそうなことを言わない

ライブ配信中は個人を特定できそうな発言をしないように注意しましょう。本名や住所はもちろんのこと、電話番号や学校名、勤務先、生年月日などにも注意が必要です。Web カメラを使用している場合は、プライベートのものを映さないように気をつけましょう。個人が特定されてしまった場合、SNS などに個人情報が流出したり、危険な視聴者によるストーカー行為などの犯罪に巻き込まれたりする危険性があります。

住所を特定できそうなものを映さない

Web カメラを使用して配信する場合は、窓の外の風景など住所の特定につながりそうなものを映さないようにしましょう。特に屋外から配信する場合、公共施設やお店から住所を特定される危険があります。また、家の中しか映さなくても、部屋の間取りから住所を特定されたという例もあります。自分以外のものは極力映さないようにしましょう。

YouTube の利用規約に違反することをしない

YouTube の利用規約に従って配信をしましょう。例えば、YouTube に動画を投稿する人は権利所有者から許諾を得ていることを前提としている、YouTube による二次利用を許可する、などの規約があります。規約に違反した場合、アカウント停止やアカウント削除といったペナルティが発生する可能性があります。

ライブ配信した動画を非公開にする

ライブ配信後は配信内容が動画として公開され、いつでも視聴することができます。動画を非公開にしたい場合は「YouTube Studio」を開き、公開設定を変更しましょう。なお、公開、非公開はいつでも変更することができます。

ライブ配信した動画を非公開にする

❶ガイドの項目から［作成した動画］をクリックします。

❷［ライブ配信］をクリックします。

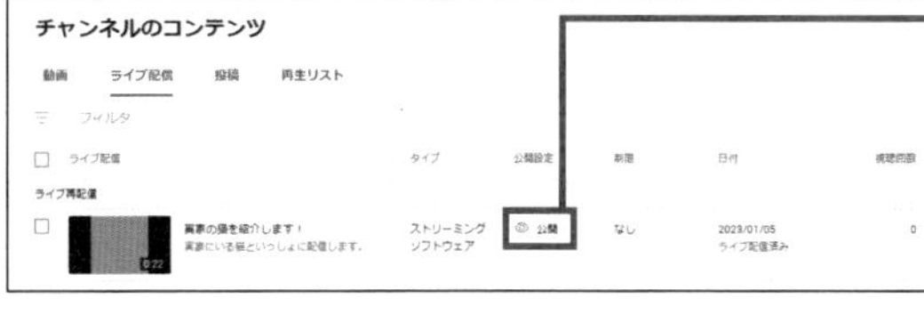

❸非公開にしたい動画の公開設定（ここでは［公開］）をクリックします。

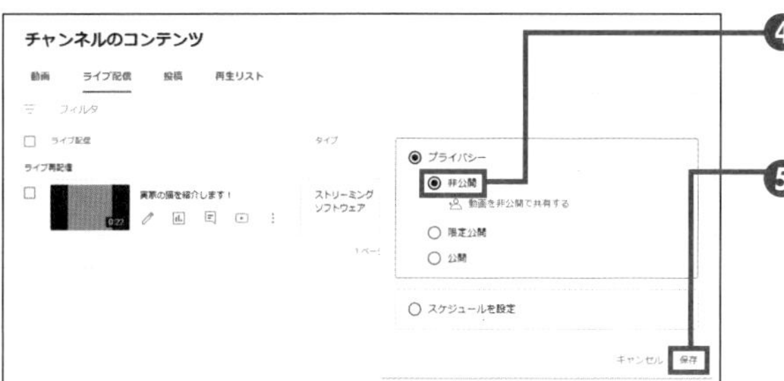

❹任意の公開設定（ここでは［非公開］）をクリックして選択し、

❺［保存］をクリックします。

089 切り抜き動画とは

ライブ配信

「切り抜き動画」とは、ライブ配信などの動画から一部分を切り抜き、数分の動画にまとめたものです。切り抜き動画の多くはライブ配信者本人ではなく、有志により制作、公開されています。

切り抜き動画とは

「切り抜き動画」とは、ライブ配信などの動画からおもしろかったり、役に立ったりした場面など一部分を切り抜き、数分間にまとめた動画のことです。ライブ配信などは動画の時間が数時間に及ぶことがあり、そのライブ配信者を知らない人にとっては視聴のハードルが高くなります。しかし、切り抜き動画は数十分〜数時間の配信から" おいしい部分 "を抜き出してまとめているため、ライブ配信者を知らない人でも視聴しやすく、新しい動画投稿者を知るきっかけにもなっています。

COLUMN 切り抜き動画を制作する際の注意点

切り抜き動画を作成して投稿するにあたって、YouTubeの利用規約に違反しない、もと動画の投稿者が切り抜きを許可しているか確認する、もとの投稿者の意図に反する内容に改変しない、などの点に注意が必要です。また、収益化の禁止など、切り抜きについてもとの投稿者が独自のルールを設定している場合があるので、必ず確認しましょう。

第5章

楽しく稼ぐ！
動画を収益化する
テクニック

090 動画投稿で収益を得るしくみとは

動画の収益化

YouTubeでは自分が投稿する動画に広告を表示することによって、そのクリック数やPV（ページビュー）数に応じた収益につなげることができます。投稿した動画が人気コンテンツになって再生数が伸びれば、多くの広告収入を得ることができます。

広告収益のしくみ

YouTube の動画内で表示される広告は、広告主（企業）が Google AdSense に提供したものです。その広告を動画内に設置することで、Google AdSense から収入を受け取ることができます。Google AdSense とは、Google が提供する世界最大規模の広告配信サービスのことです。

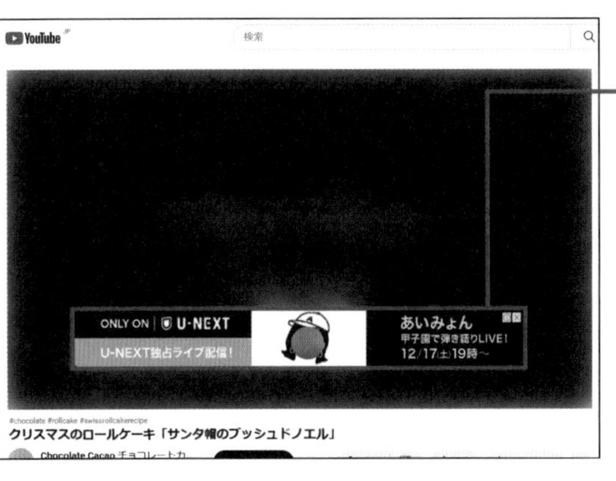

オーバーレイ広告が表示されている様子です。広告をクリックすると、広告主が指定したWebサイトが表示されます。

収益発生の流れ

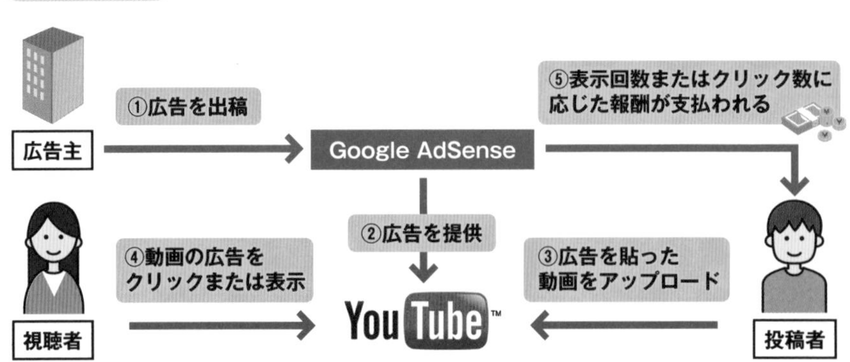

収益化するために必要なもの

YouTube で収益化するためには、まず YouTube パートナープログラムに参加する必要があります。YouTube パートナープログラムに参加すると動画から収益を得たり、クリエイター向けのサポートを受けたりできます。ただし、YouTube パートナープログラムに申し込むには、利用資格を満たしている必要があります。また、Google AdSense のアカウントも必要で、登録には Google アカウントを使います。YouTube に投稿した動画を収益化する場合、通常の Google AdSense の申し込みではなく、YouTube Studio から申し込みをします。詳しくは、Sec.096 で紹介します。

YouTube パートナープログラムの利用

YouTubeパートナープログラムに申し込むには、利用資格を満たしている必要があります。

Google AdSense のアカウント

Google AdSenseの登録ページ。登録には審査があるため、時間がかかる場合があります。すでにGoogle AdSense対応のブログなどを持っている場合、そちらを紐づけることもできます。

銀行口座

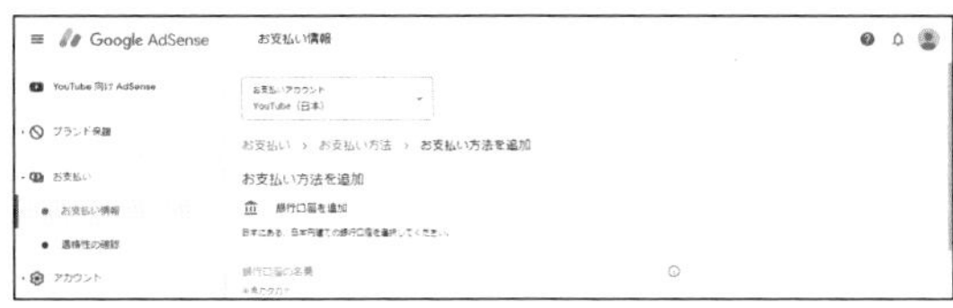

Google AdSenseからの支払い方法は銀行振込となるため、銀行口座を登録します。日本にある日本円建ての銀行口座のみが利用できます。

COLUMN YouTuberとは?

YouTubeにはYouTuber(ユーチューバー)と呼ばれる、高額の広告収入を得ているユーザーが存在します。自分の動画を収益化したいと考えている場合、彼らの動画を一度見てみることをおすすめします。視聴者を飽きさせない動画の作り方や魅力的な内容など、さまざまな趣向や努力、工夫のされている動画がほとんどです。収益化のポイントは『広告を見てでも視聴したいと思える動画かどうか』です。むやみに広告を表示するだけでは、視聴者の心はつかめません。

収益を得るまでの流れとは

YouTubeで収益を得るためには、YouTubeパートナープログラムに申し込み、審査を受ける必要があります。審査を通過すると、収益受け取りに必要な情報の入力などを行います。ここでは、収益を得るための一連の流れを紹介します。

収益を得るまでのフロー

① YouTube パートナープログラムの審査を受ける

まずは、YouTubeパートナープログラムの審査を受けるために、チャンネル登録者数や総再生時間などの利用資格を満たします。

② AdSense アカウントの作成と連携

審査をパスしたら、YouTube StudioでGoogle AdSenseのアカウントを設定します。詳しくはSec.096で説明します。

③動画の広告設定

Google AdSenseのアカウント登録が完了したら、動画の広告設定を行います。詳しくはSec.098で説明します。

④個人情報の確認

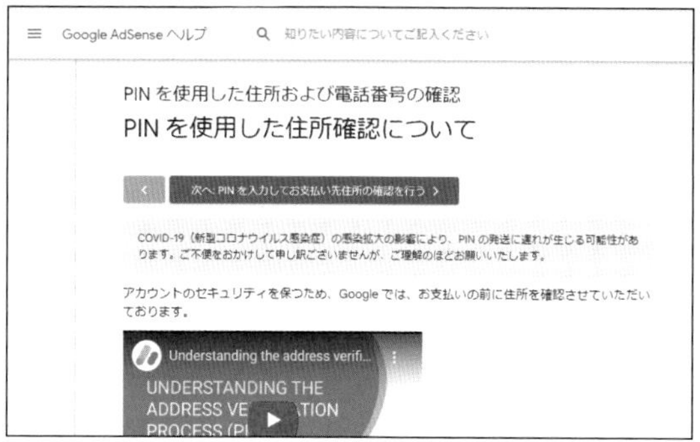

収益が住所確認の基準額を超えると、Google AdSenseの個人認識番号のPINコードが郵送されます。PINコードをGoogle AdSenseに入力することによって、支払い登録ができます。住んでいる地域によっては、個人情報にもとづく本人確認を求められる場合があります。さらに、Googleへ税務情報を提供する必要があります。

⑤銀行口座の登録

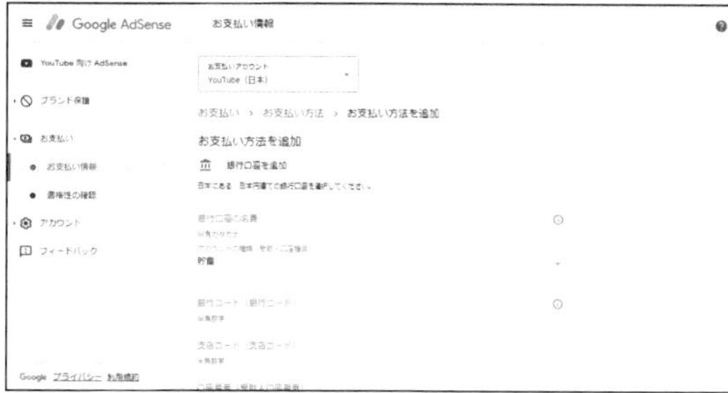

銀行口座を登録します。金融機関の設定はPINコードが必要です。

⑥収益の受け取り

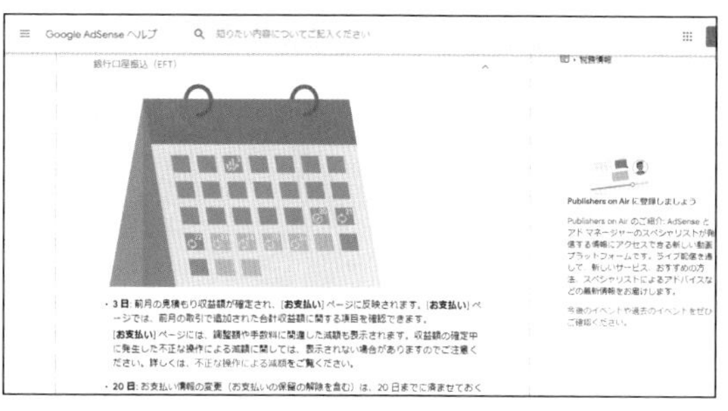

Google AdSenseの支払い条件は、毎月月末の集計時に支払い額が8,000円を超えていることです（日本円換算）。集計時に8,000円を超えていない場合は、集計額を翌月に繰り越しになります。

COLUMN 支払いの時期

Google AdSenseの支払いのタイミングは月末と記載されていますが、実際の支払い日はまちまちです。支払い条件をクリアした支払いがある場合は、Google AdSenseの集計画面で具体的な支払い日を確認できます。

092 設定できる広告の種類とは

動画の収益化

YouTubeの広告には、動画本編の前後や途中に再生される「インストリーム広告」や「バンパー広告」のほか、「オーバーレイ広告」、「ディスプレイ広告」、「インフィード動画広告」などの広告フォーマットが豊富に用意されています。

広告の種類

インストリーム広告・バンパー広告

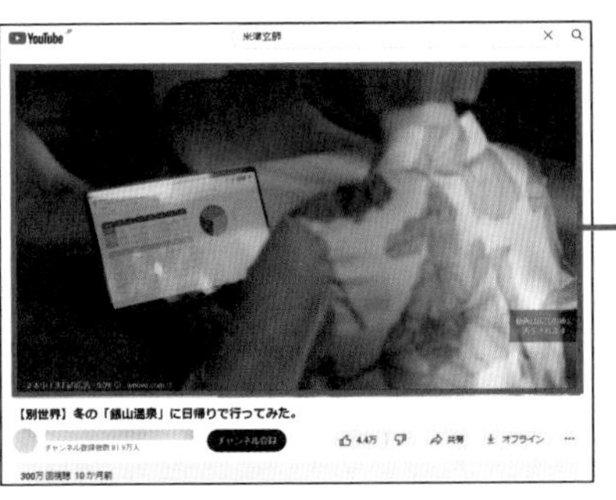

動画再生の前後や途中に再生されるタイプの広告で、スキップ可能なものとスキップ不可能なものがあります。スキップ可能な広告は、30秒間視聴する（30秒未満の広告は最後まで）、30秒経つ前に動画を操作した場合に収益が発生します。スキップ不可能な広告は、広告の表示回数にもとづいて収益が発生するしくみです。バンパー広告は、インストリーム広告と同じタイプの広告ですが、6秒以内の短い動画でスキップはできません。広告の表示回数にもとづいて収益が発生します。

オーバーレイ広告

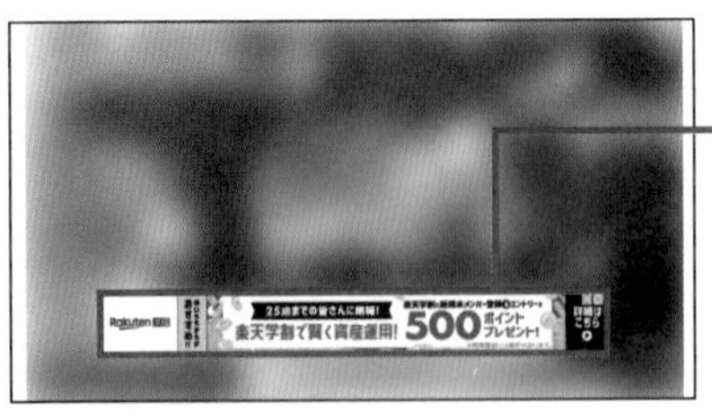

再生画面の下部に表示される長方形型の広告で、クリックされなければ収益になりません。そのため、インストリーム広告に比べて収益が高いという特徴があります。

ディスプレイ広告

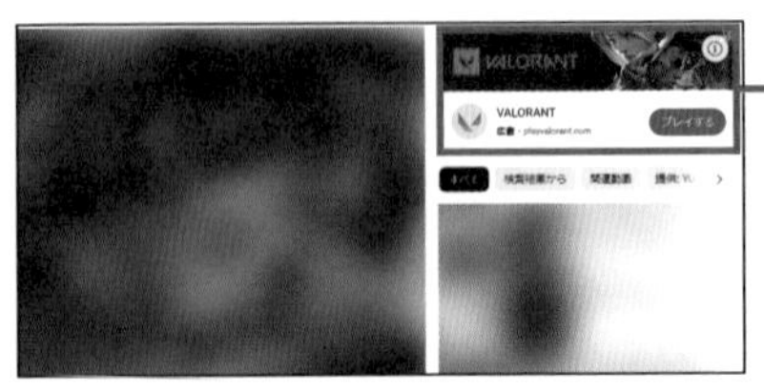

再生画面の右側に表示されるタイプの広告です。広告が表示される、またはクリックしてリンク先が表示されると収益が発生します。

インフィード動画広告

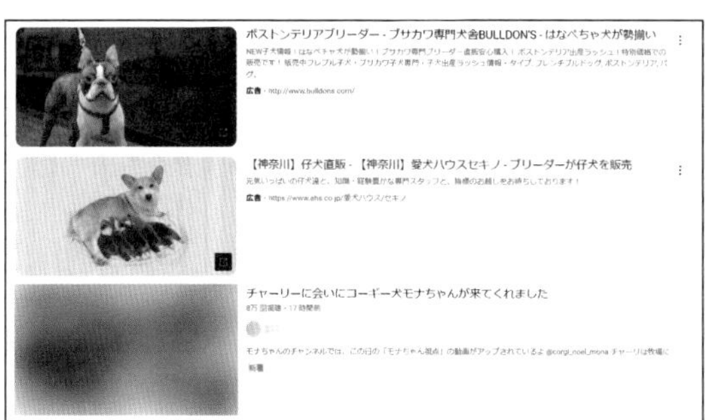

動画のサムネイル画像とテキストで表示されるタイプの広告です。サムネイル画像やテキストがクリックされて、動画が視聴されると収益が発生します。

COLUMN そのほかの広告フォーマット

そのほかに設定できる広告フォーマットに「マストヘッド広告」と「アウトストリーム広告」があります。マストヘッド広告は、YouTube のホーム上部で最大30秒間音声なしの状態で自動再生される広告です。アウトストリーム広告は、モバイル専用の広告で、Google動画パートナー上のWebサイトやアプリでのみ表示されます。

スマートフォンで表示される広告

「オーバーレイ広告」と「ディスプレイ広告」は、パソコンからの視聴時にのみ表示されます。スマートフォンからの視聴時は、主に「インストリーム広告」や「インフィード動画広告」が表示されます。

スマートフォンでは、スキップ可能とスキップ不可能な「インストリーム広告」が表示されるほか、「インフィード動画広告」や「マストヘッド広告」が表示されます。

Google AdSenseの禁止事項をおさえる

動画を収益化するには、Google AdSenseとYouTubeのアカウントを関連づける必要があります。そのため、YouTubeだけでなくGoogle AdSenseの利用規約にも違反しないよう注意しましょう。ここではGoogle AdSenseの禁止事項を説明します。

収益化する際のルール

コンサートやイベントなどの会場を無断で撮影し、投稿した動画は利用できません。

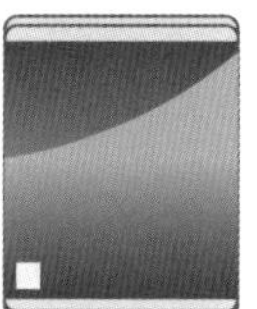

他人の著作物である音楽や映画、TV番組などの動画は権利の問題があります。

ビデオゲームやソフトウェアの使用方法を説明した動画は利用できません（著作権所有者が許可している場合もあります）。

他人が制作した作品を自分の動画内で無断で使用することも禁止です。

注意すべき禁止事項

動画の収益化には動画の再生数が不可欠です。高額の報酬を得るためには、自身のブログやSNSで動画を積極的に宣伝するなどのプロモーションが必要です。しかし、他人に動画の再生やクリックを頼む不正なプロモーションや、自分でクリックや再生をして報酬額をかさ増しするなどの行為は、Google AdSenseからペナルティを受ける場合があります。具体的なペナルティとしては不正した報酬分の減額が一般的ですが、それでも不正をやめないユーザーはアカウントを凍結される場合があります。

動画の内容とまったく関係ない視聴者を煽るようなサムネイルや説明文は、ペナルティの対象になる可能性があります。

自分で広告をクリックしてクリック数をかさ増しするなど、不正なプロモーションもペナルティの対象になります。

他人に対して、広告のクリックを直接的に依頼するのも禁止です。

炎上する案件

動画を収益化する際、避けたいのは炎上です。自分が投稿した動画に、意図せずとも不適切な内容や多数の視聴者の反感を買ってしまう内容が含まれていると、批判や誹謗中傷の的になってしまいます。ここでは、どのような場合に炎上する恐れがあるのか紹介します。

炎上する案件とは

YouTubeで動画が炎上する原因はいろいろ考えられますが、動画が炎上してしまうとチャンネルへの信頼の喪失やイメージダウンは避けられません。また、批判や誹謗中傷が殺到し、酷い場合には個人情報を特定され、日常生活にまで悪影響が及んでしまうこともあります。自分が投稿する動画に炎上につながる要素はないか、よく確かめることが重要です。

周囲の人に迷惑をかける、食べ物を粗末に扱う、誰かの悪口を言うなど、不適切な発言や行動は批判の対象になってしまいます。また世情を鑑みず、社会的な配慮に欠いた言動も視聴者の反感を買いやすく、炎上の原因になってしまいます。

いわゆるステマと呼ばれる視聴者を騙すような内容の動画は、真実が発覚した際に批判を呼び、チャンネルや個人そのものへの信用を大きく失ってしまいます。

COLUMN ステマ

ステマとはステルスマーケティングの略で、広告主や企業から、商品を提供されていたり、金銭的な報酬を受け取っているにも関わらず、それを宣伝だと消費者に悟られないように宣伝を行うことです。

095 著作権侵害に留意する

動画の収益化

投稿した動画が著作権侵害をしている場合、主に著作権者かContent IDにより著作権の申し立てが行われます。動画による収益化が困難になるばかりではなく、アカウントのチャンネルそのものが削除されてしまうこともあるので、動画をアップロードする際は留意しましょう。

YouTube上の著作権侵害とは

YouTubeにチャンネルを開設し、動画を投稿する以上、動画を収益化している／いないに関わらず、著作権侵害には注意しなければなりません。投稿した動画が第三者の著作権を侵害している場合、著作権者による著作権の申し立て（著作権侵害による削除通知）が行われ、チャンネルに著作権侵害の警告が届きます。警告を複数回受けると、収益化に影響が出る可能性があるほか、アカウントが削除される場合があります。

また、YouTubeには著作権者が自分の所有するコンテンツを含む動画を発見しやすくする「Content ID」という自動識別システムがあり、著作権を侵害している動画がないか常にチェックしています。著作権を侵害するコンテンツを含む動画を投稿してContent IDの申し立てを受けた場合、著作権者が行う処置によっては突然動画を再生できなくなったり、収益が入らない事態になったりします。

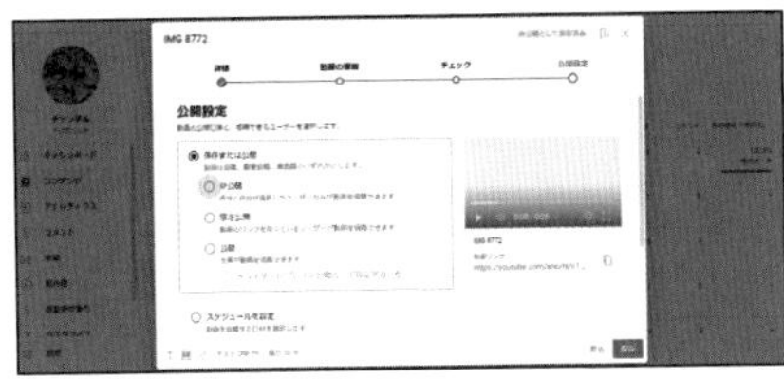

動画をアップロードする際、「非公開」「限定公開」「公開」のいずれかの公開設定を選択できますが、たとえ「非公開」設定の動画であっても、動画内で使用するコンテンツが著作権を侵害していないかを確認する必要があります。

著作権の申し立て

■著作権者からの著作権侵害による削除通知
チャンネルに著作権侵害の警告が届きます。警告を3回受けた場合、アカウントと関連するチャンネルがすべて停止されたり、アカウントにアップロードされたすべての動画が削除されたりします。

■Content IDの申し立て
Content IDで一致する動画が見つかると、その著作権者は対象の動画をトラッキングしたり、視聴できないようにブロックしたりするほか、動画をアップロードしたユーザーと収益を分配したりできます。

SECTION 096 動画の収益化

収益化の設定をする

収益化の設定を行うには、Google AdSenseのアカウント登録が必要になります。アカウント登録には、YouTubeパートナープログラムの審査を通過する必要あるため、チャンネルを開設したらまずは要件を満たすように心がけるとよいでしょう。

YouTubeで収益を得る方法

広告収益

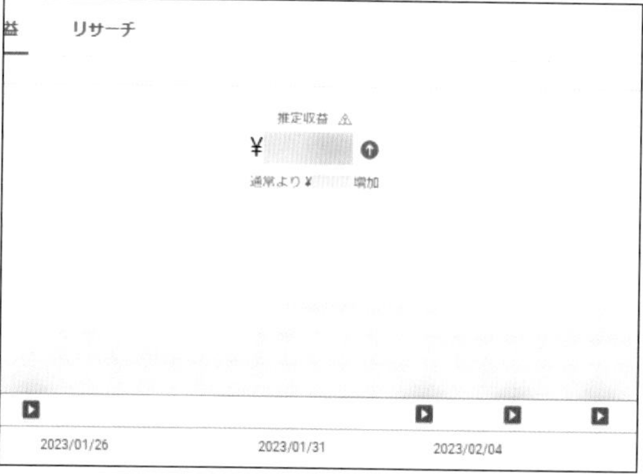

動画を再生するごとに表示される広告の掲載料を収益として得られます。

チャンネルメンバーシップ

チャンネルメンバーシップとは、視聴者が月額料金を支払うことで自分のアカウント名の横に表示されるバッジや、コメントを入力する際に利用できる絵文字などの限定特典を受け取れるシステムです。

ショッピング

ショッピングとは、YouTubeで商品などを宣伝し、視聴者が購入できる機能のことです。ストアとYouTubeを連携させることで商品の紹介や収益の獲得が可能になります。

Super Chat ／ Super Stickers

ライブ配信時や動画のプレミアム公開時に、配信者に送ることができる投げ銭システムです。Super ChatやSuper Stickersを送ると、自分のコメントやアカウント名を目立たせることができます。

Super Thanks

Super Thanksとは、ライブ配信ではない通常の動画投稿に対して投げ銭をできるシステムです。Super ChatやSuper Stickersと同様に、自分のコメントやアカウント名を目立たせることができます。

YouTube Premium の収益

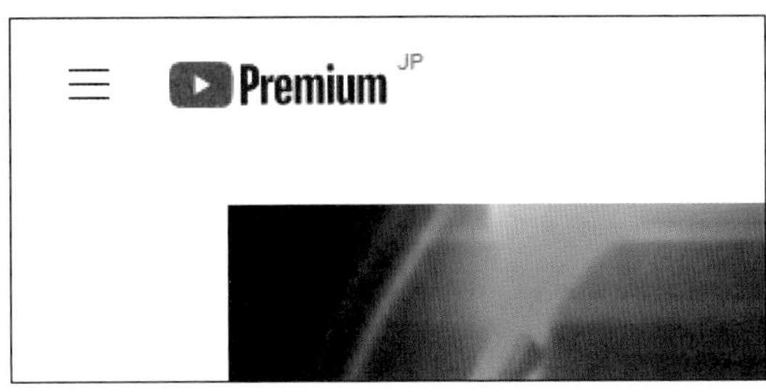

YouTube Premium（Sec.032参照）のユーザーが動画や配信を視聴した際に、その利用料金の一部を得られます。

収益化のための資格要件を確認する

広告収入やチャンネルメンバーシップなど、収益化の方法は多様にありますが、これらにはそれぞれ収益化するための資格要件が設定されています。収益化をする前に資格を満たしているか確認しましょう。

収益化の種類	資格要件
広告収益	・投稿者が 18 歳以上、または Google AdSense 経由での支払いに対応可能な 18 歳以上の法的保護者がいること ・関係する契約モジュールに同意していること ・投稿した動画や配信が、広告掲載に適したコンテンツのガイドラインを遵守していること
チャンネルメンバーシップ	・投稿者が 18 歳以上であること ・チャンネルメンバーシップを利用できる国や地域に居住していること ・チャンネルが「子ども向け」設定されていないこと ・投稿した動画に「子ども向け」設定されたものが多くないこと ・SRAV 契約の下で運営されている音楽チャンネルではないこと
ショッピング	・チャンネル登録者数が 1,000 人以上である、または公式アーティストチャンネルであること ・チャンネルが「子ども向け」設定されていないこと ・投稿した動画に「子ども向け」設定されたものが多くないこと
Super Chat ／ Super Stickers	・18 歳以上であること ・Super Chat と Super Stickers を利用できる国や地域に居住していること
Super Thanks	・18 歳以上であること ・Super Thanks を利用できる国や地域に居住していること ・SRAV 契約の下で運営されている音楽チャンネルではないこと
YouTube Premium の収益	・投稿した動画や配信が YouTube Premium 加入ユーザーに視聴されていること

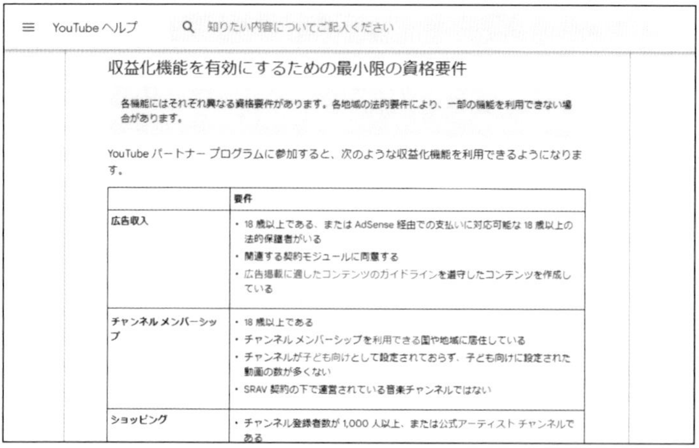

YouTube ヘルプ　知りたい内容についてご記入ください

収益化機能を有効にするための最小限の資格要件

各機能にはそれぞれ異なる資格要件があります。各地域の法的要件により、一部の機能を利用できない場合があります。

YouTube パートナー プログラムに参加すると、次のような収益化機能を利用できるようになります。

	要件
広告収入	・18 歳以上である、または AdSense 経由での支払いに対応可能な 18 歳以上の法的保護者がいる ・関連する契約モジュールに同意する ・広告掲載に適したコンテンツのガイドラインを遵守したコンテンツを作成している
チャンネル メンバーシップ	・18 歳以上である ・チャンネル メンバーシップを利用できる国や地域に居住している ・チャンネルが子ども向けとして設定されておらず、子ども向けに設定された動画の数が多くない ・SRAV 契約の下で運営されている音楽チャンネルではない
ショッピング	・チャンネル登録者数が 1,000 人以上、または公式アーティスト チャンネルである

▲ https://support.google.com/youtube/answer/72857?hl=ja

収益化の設定をする

❶画面右上のプロフィールボタンをクリックし、

❷［YouTube Studio］をクリックします。

❸ガイドの項目から［収益化］→［使ってみる］の順にクリックし、指示に従って収益化の設定を進めます。

COLUMN 「お住まいの地域では収益化を行うことができません」と表示される場合

手順❸で［収益化］をタップしたあと、「お住まいの地域では収益化を行うことができません」と表示されることがあります。YouTuberパートナープログラムが提供されていない地域を設定しているか、地域が設定されていない場合があります。［所在地を更新］をタップして「設定」画面を表示し、［居住国］→任意の国名→［保存］の順にタップして所在地を設定しましょう。

お住まいの地域では収益化を行うことができません

現在の所在地（）では YouTube パートナー プログラムが提供されていません。これが正しくない場合は、所在地を更新してください

097 有料プロモーションを設定する

動画の収益化

企業などから依頼を受けて制作された動画や配信は、視聴者にプロモーションだとわかるように申告する義務があります。動画の編集画面から「有料プロモーション」設定を必ず行いましょう。

有料プロモーションを設定する

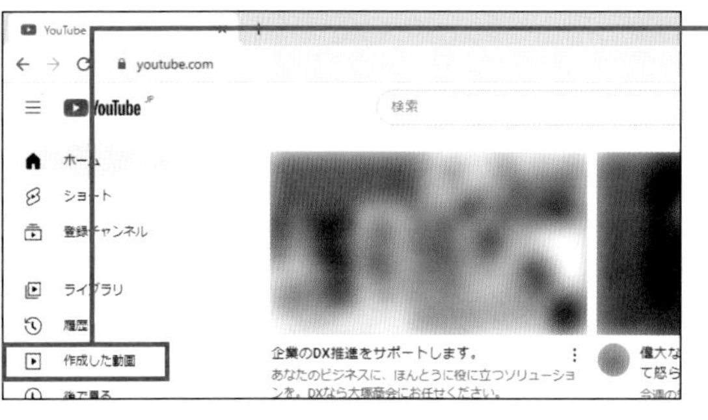

❶ガイドの項目から［作成した動画］をクリックします。

❷プロモーション設定したい動画のサムネイルをクリックします。

❸画面を下方向にスクロールし、

❹［すべて表示］をクリックします。

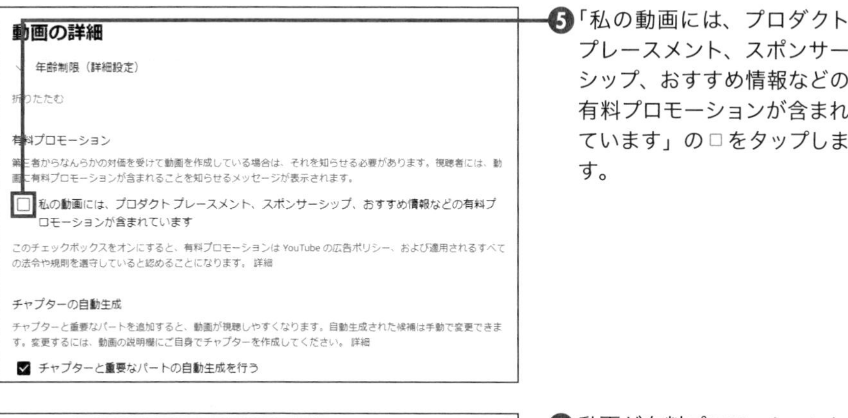

❺「私の動画には、プロダクトプレースメント、スポンサーシップ、おすすめ情報などの有料プロモーションが含まれています」の□をタップします。

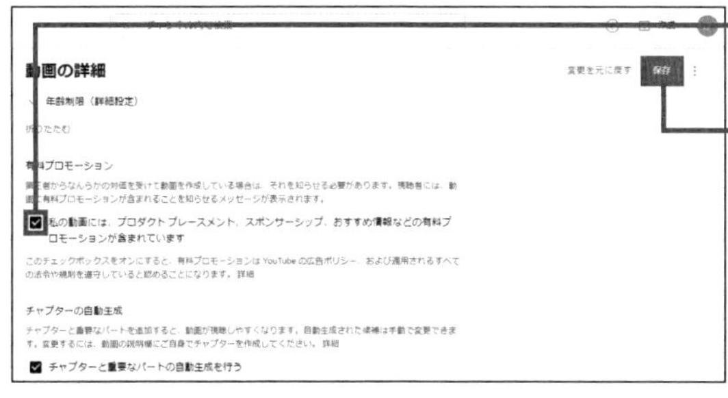

❻動画が有料プロモーションに設定されます。

❼［保存］をクリックします。

❽動画を確認すると、視聴開始時に「プロモーションを含みます」と表示されます。

COLUMN YouTubeの広告ポリシーを確認する

違法な商品やサービス、アダルトコンテンツなどはもちろん有料プロモーションに設定できません。自分が動画や配信で紹介するコンテンツがGoogle広告ポリシーとYouTubeのコミュニティガイドラインに違反していないか確認しましょう。手順❺の画面で「有料プロモーション」の［詳細］をクリックすると、広告ポリシーの確認などが行えます。

098 動画ごとに広告を設定する

動画の収益化

「公開」に設定されているすべての投稿動画の収益化設定が完了しました。YouTubeでは収益化するコンテンツを動画ごとに選ぶこともできます。ここでは動画ごとに収益化設定を行う方法を説明します。

動画の編集画面から設定する

❶ガイドの項目から［作成した動画］をクリックします。

❷収益化の設定が完了していると、「収益化」に $ が表示されます。

MEMO 収益化の有無

収益化の設定をした直後は、公開中のすべての動画に収益化設定が行われています。

❸収益化を解除したい動画の［オン］をクリックします。

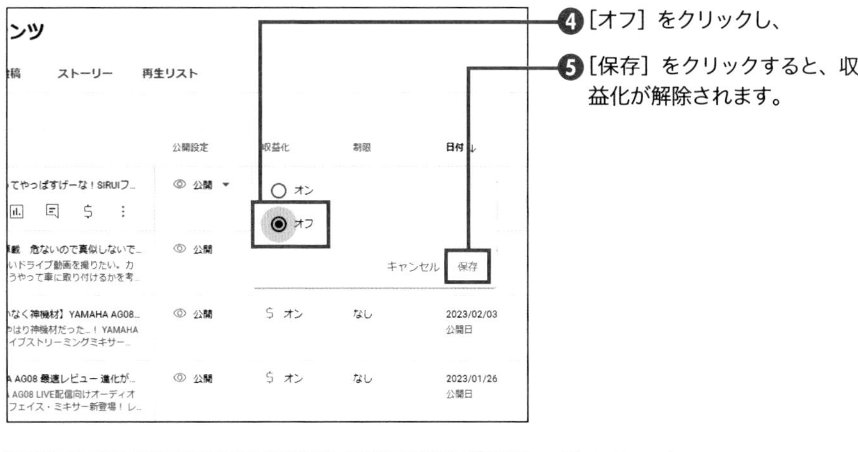

❹［オフ］をクリックし、

❺［保存］をクリックすると、収益化が解除されます。

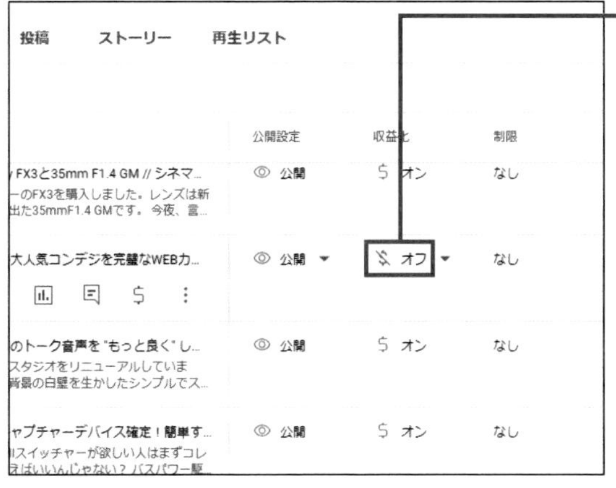

❻収益化がオフになっている動画は、$が🚫$に変わります。

COLUMN 表示する広告を選択する

表示する広告は、フォーマットを選択できます。表示させたくない広告フォーマットのボックスをクリックしてチェックを外すことで、任意の広告だけを表示できます。ただし、ディスプレイ広告の選択は必須となるため、チェックを外すことはできません。

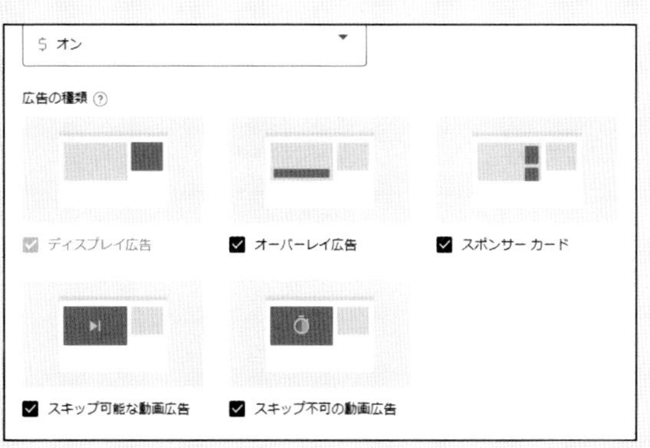

動画の収益化

スキップ不可のインストリーム広告とは

動画の前に再生されるインストリーム広告には、スキップが可能なものと不可能なものがあります。スキップ不可の広告はほかの広告に比べて収益率が高く設定されていますが、視聴者からの反感を買う場合があるため、視聴率が下がってしまう傾向にあります。

スキップ不可のインストリーム広告とは

スキップ不可のインストリーム広告とは、開始5秒を過ぎてもスキップできない広告のことです。動画にスキップ不可のインストリーム広告を設定していても、投稿された動画の種類やチャンネルの登録者数などによっては、提供できるスキップ不可のインストリーム広告の在庫がない場合があります。その場合はスキップ可能なインストリーム広告が表示されます。

スキップ不可のインストリーム広告は、最後まで広告を視聴しないと動画を再生できません。

▼メリット
広告を見てもらえれば収益になるので、高確率で収益化できる。

▼デメリット
スキップができないので、視聴者が動画の再生をやめてしまう可能性がある。

スキップ不可のインストリーム広告の設定をしていても、スキップ可能な広告が表示される場合があります。

スキップ不可のインストリーム広告の設定

スキップ不可のインストリーム広告は、一部のユーザーのみ設定可能です。チャンネルの登録者数や動画の再生回数、動画自体の評価の高さなどによって YouTube が審査し、設定が可能となります。

一部のユーザーを除いて、各動画の収益化の設定画面に「スキップ不可の動画広告」の表示はありません。

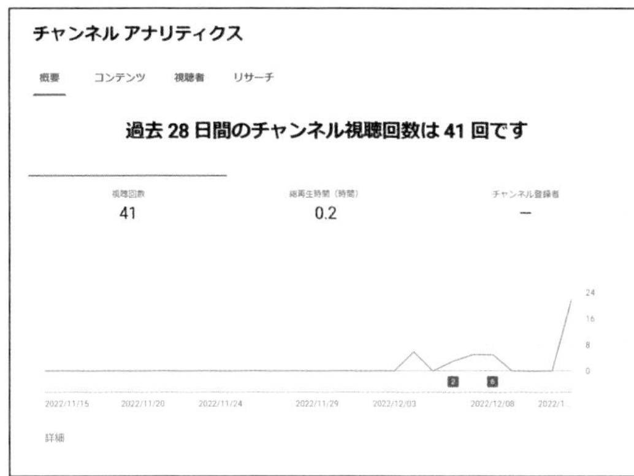

スキップ不可のインストリーム広告は、YouTubeの審査によって許可されたユーザーのみ設定が可能です。審査はチャンネル登録者数や動画再生回数にもとづいて行われるので、YouTubeアナリティクスの「広告の掲載結果」レポートや「視聴回数」レポートなどを参考にしましょう。YouTubeアナリティクスについてはSec.102から詳しく紹介します。

プロダクトプレースメントとは

プロダクトプレースメントとは、パートナー企業から商品や金銭など、何らかの報酬を受け取ってその商品の宣伝動画を投稿することです。プロダクトプレースメントを行っている場合、その旨を動画の編集画面からYouTubeに報告する必要があります。

プロダクトプレースメントとは

パートナー企業やスポンサーから報酬を受け取り、その対価としてその企業の商品やブランドなどを紹介・宣伝するコンテンツが「プロダクトプレースメント」です。プロダクトプレースメントを行った動画内の広告スペースに、競合する商品の広告を表示させないようにするため、プロダクトプレースメントは YouTube への報告が必要です。プロダクトプレースメントを利用できるのは、企業と契約したパートナーのみです。以前はパートナーだったユーザーでもパートナーシップが失効すると、プロダクトプレースメントを行った動画は投稿できなくなります。

プロダクトプレースメントにならないケース

自分で購入した商品の紹介動画を投稿する場合は、プロダクトプレースメントにはなりません。

プロダクトプレースメントになるケース

動画の投稿後に企業から商品や金銭を受け取った場合は、プロダクトプレースメントとなります。

プロダクトプレースメントを設定する

❶画面右上のプロフィールアイコンをクリックし、

❷［チャンネル］をクリックします。

❸［動画を管理］をクリックします。

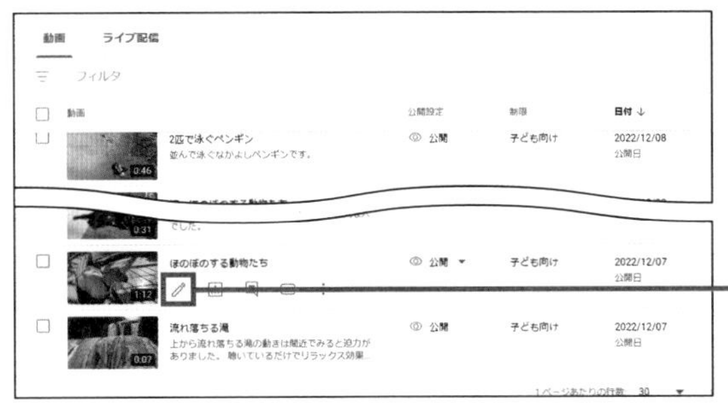

❹プロダクトプレースメントの報告を行う動画にマウスポインターを合わせて、✎をクリックします。

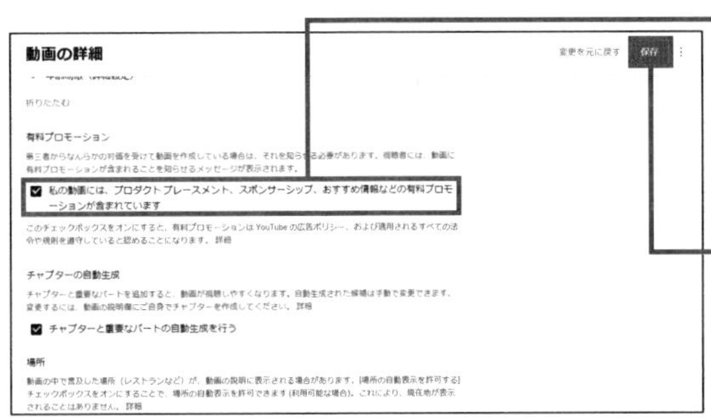

❺動画の詳細画面が開きます。

❻「有料プロモーション」のチェックボックスにチェックを入れます。

❼設定が完了したら［保存］をクリックします。

101 動画の収益化

Google AdSenseに振込口座を登録する

収益を受け取るためには、Google AdSenseに振込口座を登録を登録する必要があります。利用できるのは日本にある日本円建ての口座のみとなり、収益が1,000円を超えていない場合、PINコードによる設定はできません。

Google AdSenseに振込口座を登録する

❶ブラウザのアドレスバーに「https://adsense.google.com/intl/ja_jp/start/」と入力して Enter キーを押し、

❷［ログイン］をクリックして、Google AdSenseにログインします。

Google AdSense　お支払い情報
YouTube 向け AdSense
ブランド保護
お支払い
お支払い情報
適格性の確認
アカウント
フィードバック
お支払いアカウント YouTube（日本）
お支払い ＞ お支払い方法 ＞ お支払い方法を追加
お支払い方法を追加
銀行口座を追加
日本にある、日本円建ての銀行口座を選択してください。
銀行口座の名義
アカウントの種類
貯蓄
銀行コード（銀行コード）
支店コード（支店コード）
Google プライバシー 利用規約

❸［お支払い］→［お支払い方法］→［お支払方法を追加］の順にクリックすると、銀行口座の追加画面が表示されます。

❹画面の指示に従って口座情報を入力し、［保存］をクリックします。

COLUMN 収益化が無効になることもある

著作権のある動画・画像・音楽などの無断使用や、ガイドライン違反、YouTube収益化ポリシー違反で、YouTubeでの収益化が無効になる場合があります。自分が発信しているコンテンツに違反がないか、よく確認しましょう。規約違反の内容については、Sec.093を参照してください。

第6章

改善点を発見！
動画の分析テクニック

102 チャンネルアナリティクスとは

動画の分析

チャンネルアナリティクスはチャンネルや動画のパフォーマンスを計測するアクセス解析ツールで、YouTubeが提供しています。チャンネルアナリティクスでは、総再生時間や想定収益、ユーザー層など、さまざまな情報を確認できます。

チャンネルアナリティクスとは

チャンネルアナリティクスで動画のデータを分析することで、再生回数に伸び悩む動画の対策や、次に投稿する動画のヒントを探ることができます。また、チャンネルアナリティクスのデータは「Google スプレッドシート」または「csv」の形式でエクスポートできます。自分の動画を分析することは、よりよい動画を作ることへの重要な参考になるので、一度確認してみましょう。

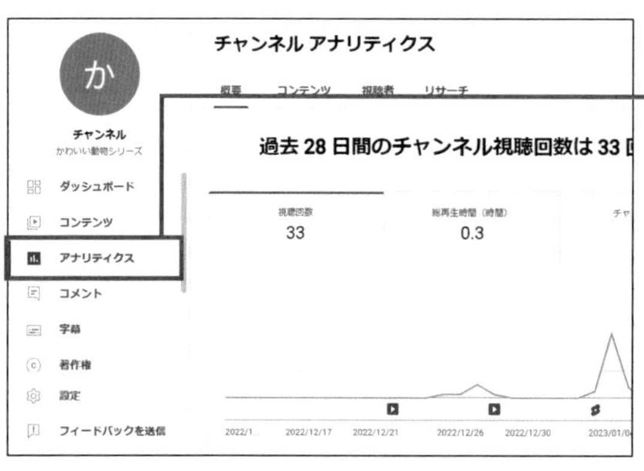

チャンネルアナリティクスは、YouTube Studio内の「アナリティクス」から利用できます。

ユーザーの傾向や自身の投稿した動画の中から人気コンテンツを調べ、今後の動画作りに活かすことができます。

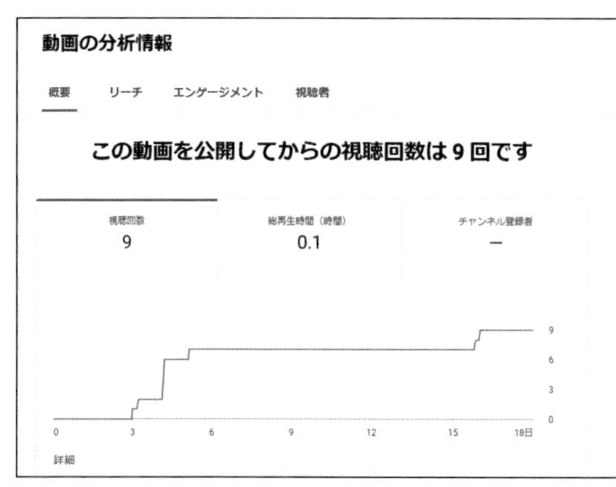

チャンネル全体の解析情報はもちろん、動画ごとに詳しい情報を確認できます。

103 動画の分析 チャンネルアナリティクスを表示する

チャンネルアナリティクスを開いてみましょう。チャンネルアナリティクスは、Googleアナリティクスやそのほかのアクセス解析ツールとは異なり、YouTubeにアカウントを持っていればすぐに利用できます。

チャンネルアナリティクスを表示する

❶画面右上のプロフィールボタンをクリックし、

❷［YouTube Studio］をクリックします。

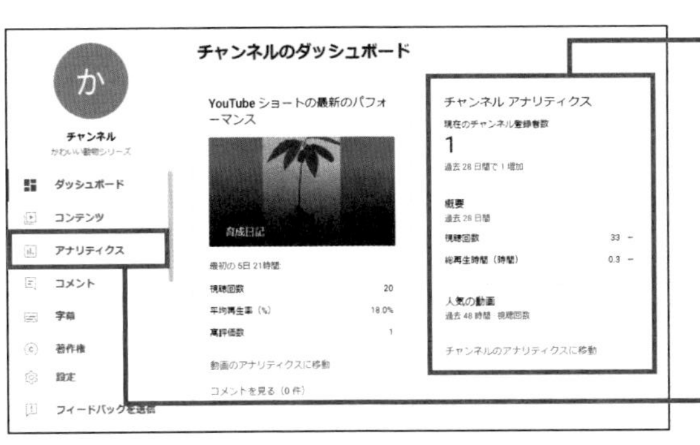

❸「YouTube Studio」画面が表示されました。チャンネルアナリティクスはダッシュボード内に表示されています。

❹さらに詳しい情報を表示するには、［アナリティクス］をクリックします。

❺「チャンネルアナリティクス」画面が表示され、詳しい情報を確認できます。

アナリティクスの種類を把握する

チャンネルアナリティクスにはさまざまな項目があり、収集したい情報によって確認するデータが異なります。各項目の情報をもとに、自分の投稿した動画の分析ができます。ここでは、各項目のおおまかな特徴を紹介します。

第5章
第6章 動画の分析
第7章
第8章

概要

「概要」では、視聴回数や総再生時間、チャンネル登録者数など、チャンネル全体の情報を確認できます。画面右側の「リアルタイム」では、現在視聴しているユーザーがどれくらいいるかが表示されます。

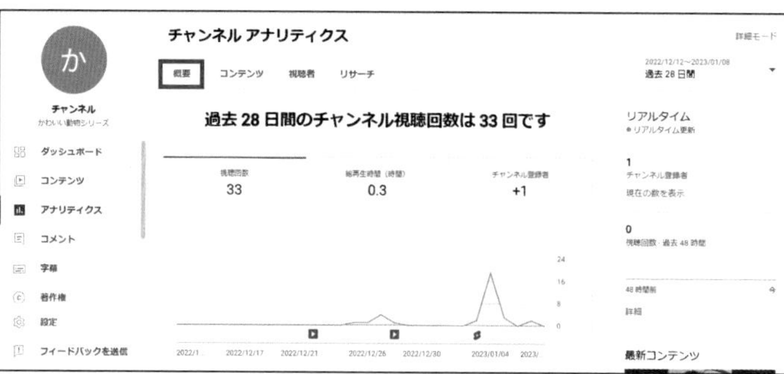

コンテンツ

「コンテンツ」では、自分が公開しているコンテンツ（動画、ショート、ライブ）の種類やコンテンツごとの視聴回数、視聴者が自分の動画をどのようにして見つけたかなどをグラフで確認できます。

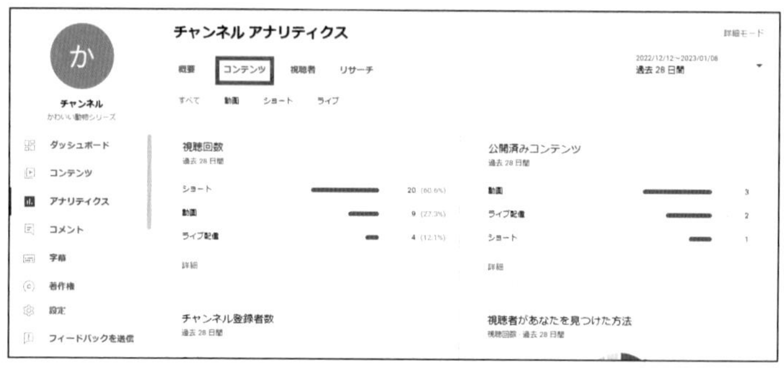

視聴者

「視聴者」では、自分の投稿した動画を視聴したユーザーがどのような行動を取ったのかを表示できます。確認できる項目は、視聴者の年齢や性別、視聴者が見ているほかのチャンネル、チャンネル登録者の総再生時間などです。

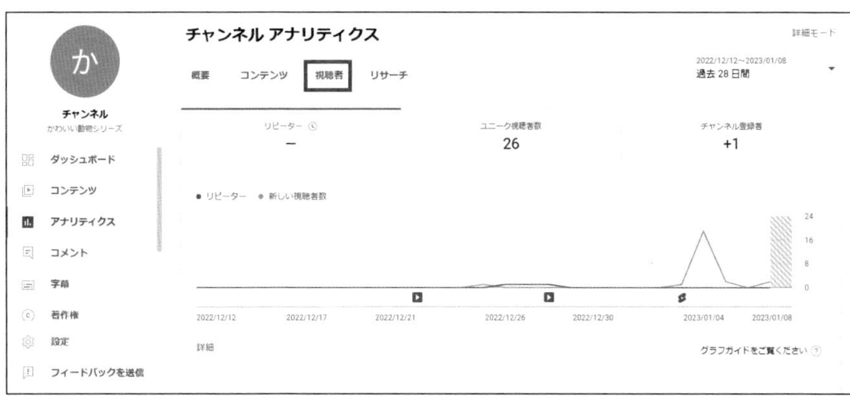

リサーチ

「リサーチ」では、自分のチャンネルの登録者とYouTubeのユーザーがYouTubeで検索したものを調べることができます。流行しているものを調べたいときなどに活用しましょう。

チャンネル アナリティクス
か
概要　コンテンツ　視聴者　リサーチ
チャンネル
かわいい動物シリーズ
ダッシュボード
コンテンツ
アナリティクス
コメント
字幕
著作権
設定
フィードバックを送信
視聴者が YouTube で探しているものを調べる
このツールを使用して、自分のチャンネルの視聴者と YouTube 全体の視聴者が過去 28 日間に検索した上位項目を調べることができます。 詳細
YouTube 全体での検索　チャンネルの視聴者による検索　保存済み　フィードバックを送信
検索キーワードやトピックを入力します
または、以下の例を使用して開始します
'how to'　Calculus　Chromebook

105 動画の分析 基本操作① 詳細モードで確認する

チャンネルアナリティクスでは、［詳細モード］をクリックすることでより詳細な分析情報を確認できます。動画ごとに情報を絞り込むこともできるので、動画を分析するときなどに活用しましょう。

詳細モードを表示する

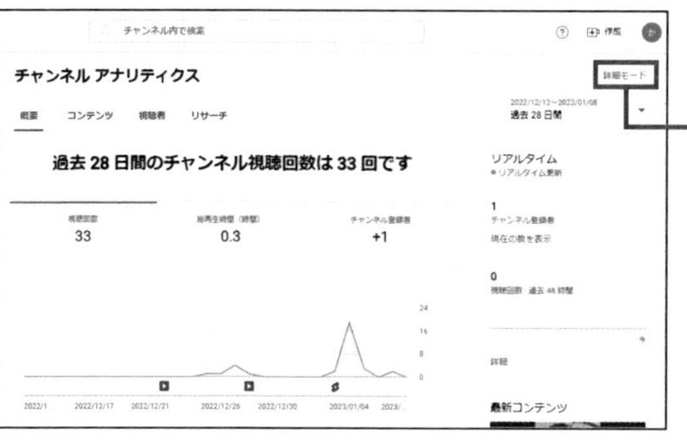

❶チャンネルアナリティクスを表示します。

❷画面上部の［詳細モード］をクリックします。

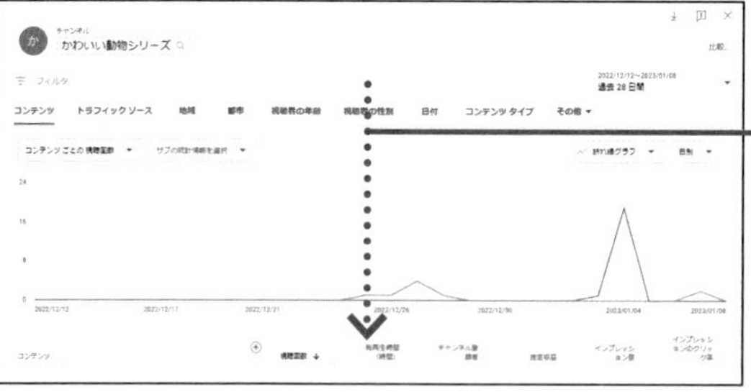

❸詳細な分析情報が表示されます。

❹画面を下方向にスクロールします。

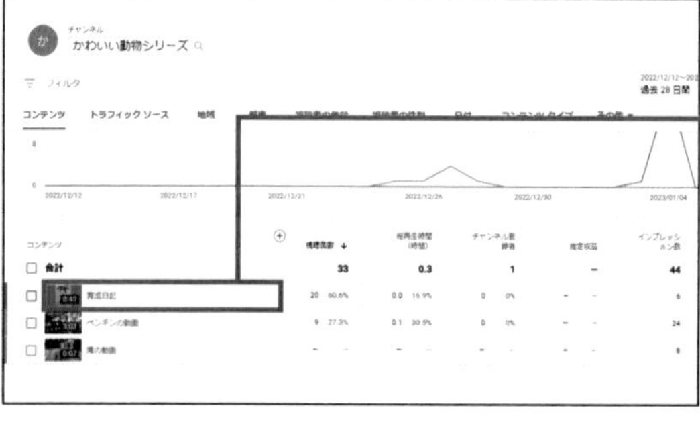

❺投稿した動画の一覧が表示されます。

❻データを確認したい動画をクリックします。

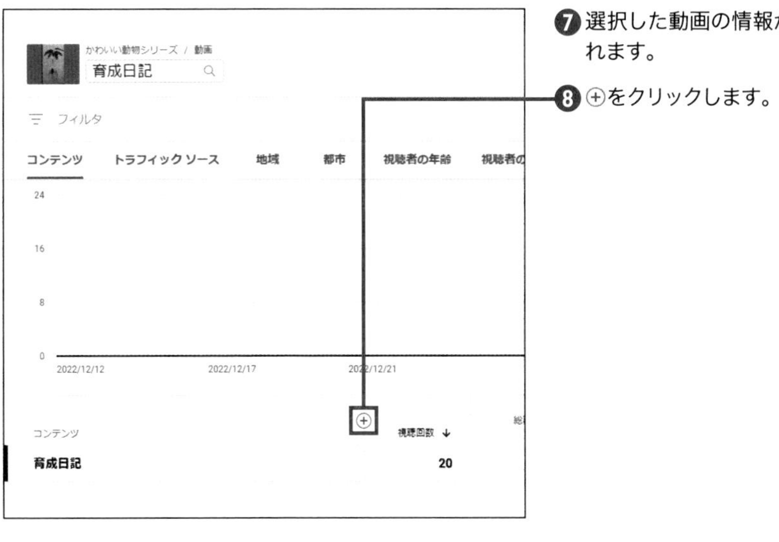

❼ 選択した動画の情報が表示されます。

❽ ⊕をクリックします。

概要
総再生時間（時間）
視聴回数
平均視聴時間
平均再生率（%）
チャンネル登録者
~~追加された動画~~
~~公開済みの動画~~

リーチ
インプレッション数
インプレッションのクリック率
ユニーク視聴者数
視聴者あたりの平均視聴回数
新しい視聴者数
リピーター

交流
登録者増加数
登録者減少数

収益
推定収益
~~トランザクション収益~~
~~トランザクション~~
~~トランザクションあたりの収益~~
~~YouTube Premium からの収益~~
~~推定広告収益~~
~~YouTube 広告収益~~
~~推定 DoubleClick 収益~~
~~推定 AdSense 収益~~
~~広告の表示回数~~
~~CPM~~
~~再生回数に基づく CPM~~
~~収益化対象の推定再生回数~~
~~RPM~~

メンバー
~~すべてのメンバー~~
~~アクティブなメンバー~~

Premium
YouTube Premium の視聴回数
YouTube Premium 総再生時間（時間）

クリップ
クリップの視聴回数
クリップからの動画の総再生時間（時間単位）

再生リスト
~~再生リストの総再生時間（単位：時間）~~
~~再生リストの視聴回数~~
~~再生リストの平均視聴時間~~
~~再生リストの平均視聴率~~
~~再生リストの起動回数~~
~~再生リストの終了回数~~
~~再生リストの離脱率~~
~~再生リストの平均時間~~
~~再生リスト開始あたりの再生回数~~
~~保存再生リスト数~~

カード
カードのクリック数
カードの表示回数
カード表示 1 回あたりのクリック数
カードのティーザーのクリック数
カード ティーザーの表示回数
カード ティーザー表示 1 回あたりのクリック数

終了画面
終了画面要素のクリック数
終了画面要素の表示回数
終了画面要素のクリック率

ショッピング
~~他のブランドの商品のクリック数~~

リミックス
リミックス数
リミックス視聴回数

20	0.0	0	–	6	0%

❾ 任意の指標をクリックすると、表に指標を追加できます。

COLUMN 指標を非表示にする

手順❼の画面で非表示にしたい指標がある場合は、指標にマウスカーソルを合わせ、表示された⋮をクリックし、［指標を非表示］をクリックします。

106 動画の分析 基本操作② 期間指定／比較する

チャンネルアナリティクスでは、動画の再生数や登録者数の変化を細かく把握するために、表示データの期間を指定したり、視聴率の高い動画と低い動画のさまざまな情報を比較したりできます。

表示データの期間を指定する

❶チャンネルアナリティクスを表示し、

❷画面上部の［過去 28 日間］をクリックします。

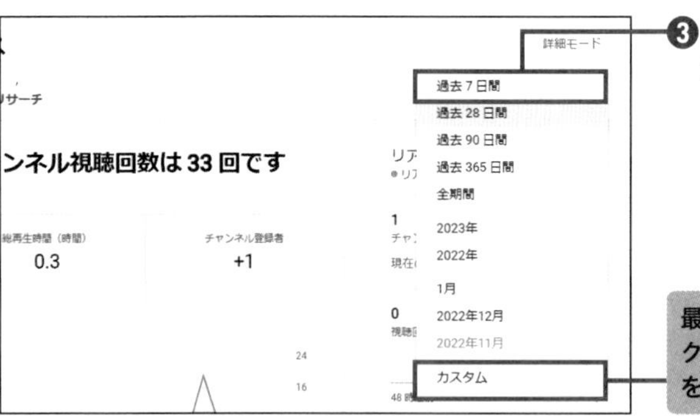

❸表示される一覧の中から、任意の期間（ここでは［過去 7 日間］）をクリックします。

最下部の［カスタム］をクリックすると、カレンダーから期間を指定できます。

❹選択した期間のデータが表示されます。

動画の情報を比較する

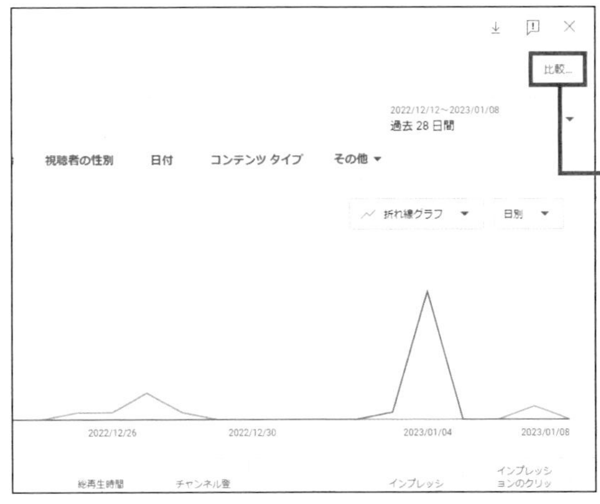

❶チャンネルアナリティクスを表示し、［詳細モード］をクリックします（P.190 手順❷参照）。

❷画面右上の［比較］をクリックします。

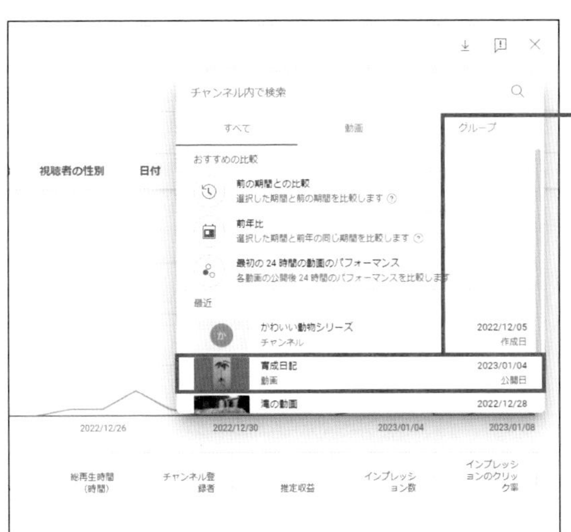

❸おすすめの比較や、最近投稿した動画が表示されます。

❹比較したい動画を選択します。

❺選択した動画の情報を比較できます。

107 チャンネルや動画の状況を大まかに把握する

動画の分析

「概要」では、再生時間や視聴回数チャンネル登録者数など、さまざまなデータをグラフでおおまかに確認できます。知りたい内容を整理し、まずはチャンネル全体のデータから効率よく情報を収集しましょう。

「概要」の見方を知る

視聴回数

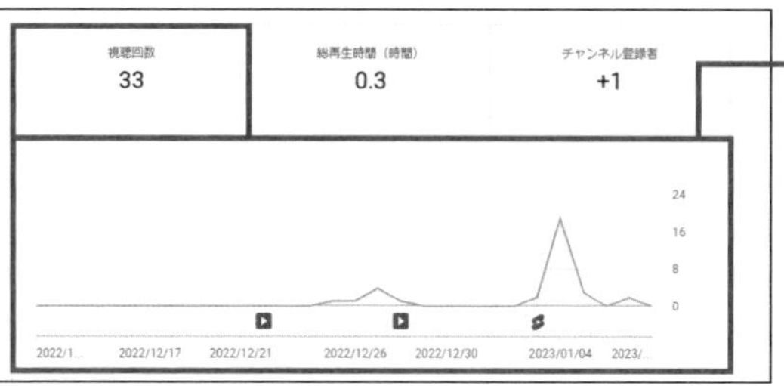

選択した集計期間中のトータルの視聴回数が表示されます。

MEMO 詳細情報の表示

各グラフをクリックすると、それぞれの情報に対応した項目が表示されます。

総再生時間

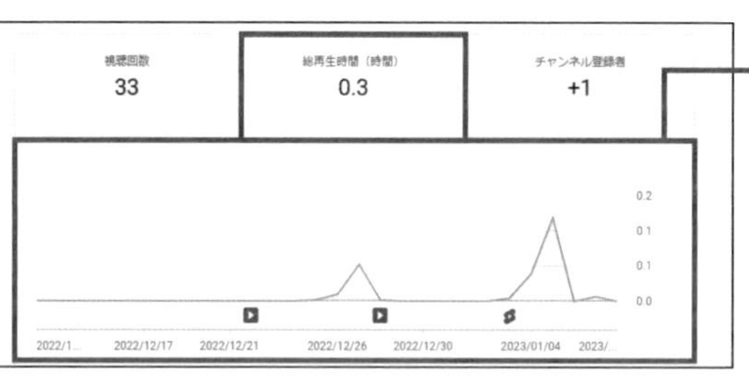

選択した集計期間中のトータルの再生時間が表示されます。

チャンネル登録者

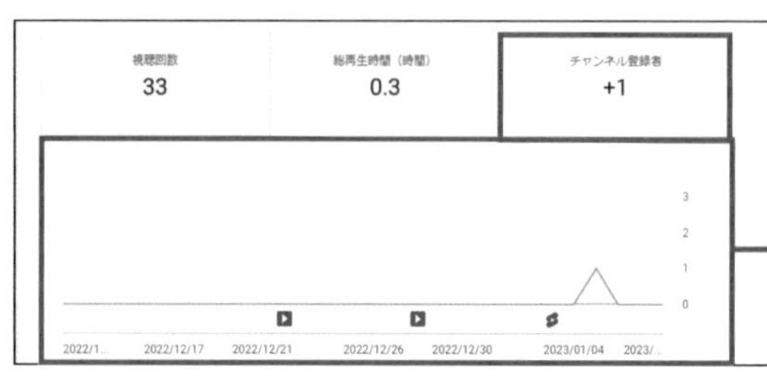

選択した集計期間中のチャンネル登録者数が表示されます。

上位コンテンツ

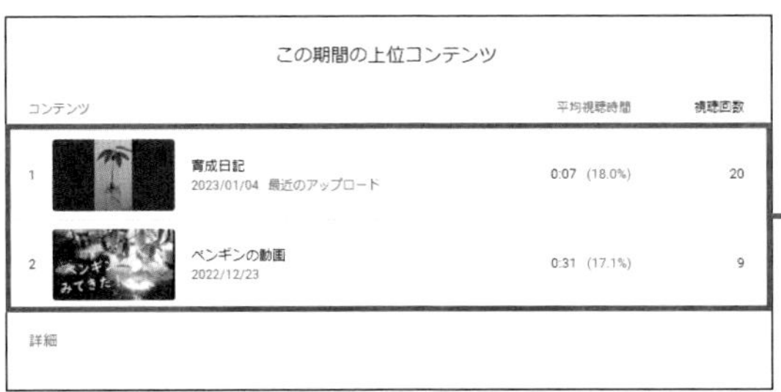

投稿しているコンテンツの中で視聴されているものや評価が高いものが表示されます。

リアルタイム

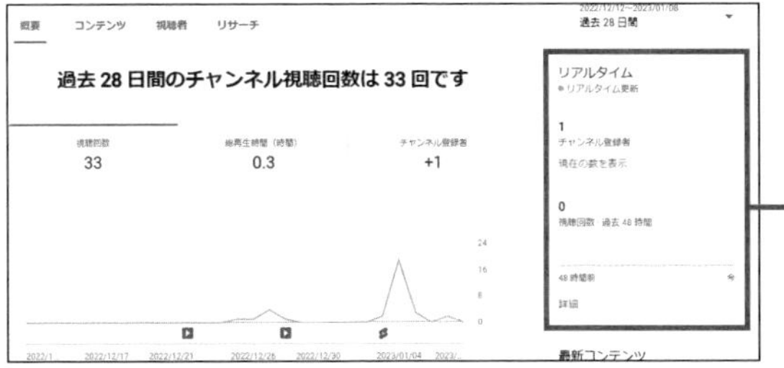

現在のチャンネル登録者数や過去48時間の視聴回数を確認できます。

最新コンテンツ

最近投稿した動画などのコンテンツの視聴回数や平均再生率が表示されます。

COLUMN チャンネル全体の状況と動画個別の状況

条件を絞り込まずに表示している情報は、チャンネル全体の解析データです。動画ごとの解析データを表示するには、「概要」画面下部に表示される動画の一覧から、任意の動画をクリックします。

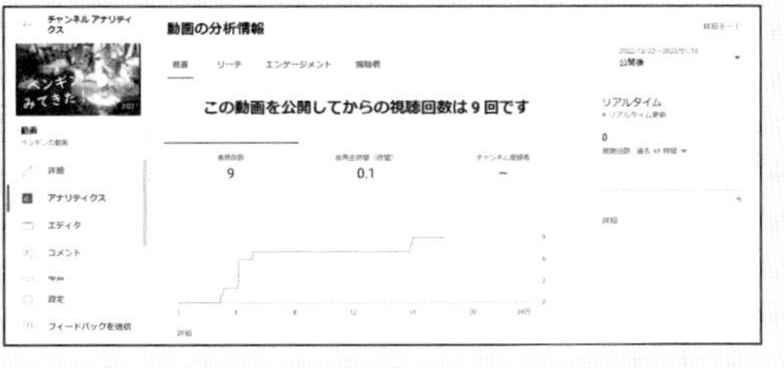

視聴者がどのような人かを調べる

「視聴者」では、動画を視聴したユーザーの「年齢」、「性別」、「視聴しているOS」などを確認できます。この項目は、Googleアカウントでログインしているユーザーのデータにもとづいて集計されています。

ユーザー層を分析する

❶チャンネルアナリティクスを表示し、［視聴者］をクリックします。

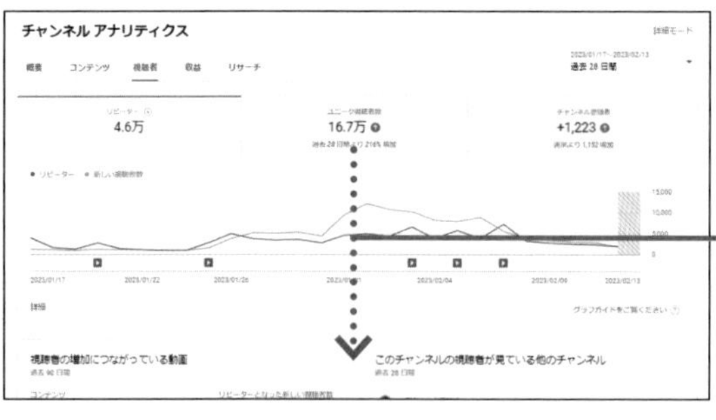

❷「視聴者」画面が表示されます。

❸画面を下方向にスクロールします。

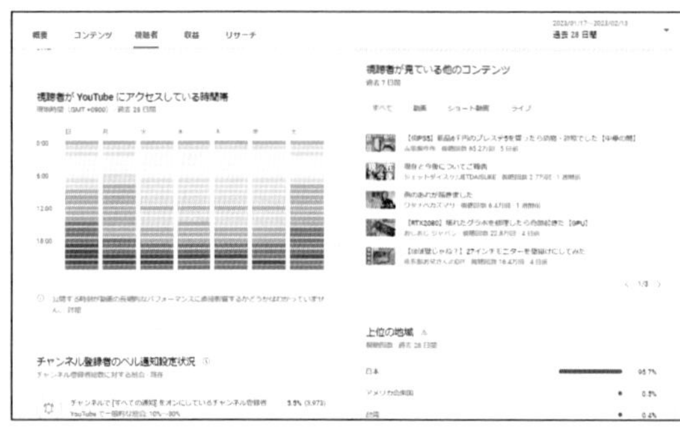

❹ユーザーのアクセス時間帯や年齢など、視聴者の情報が表示されます。

109 検索に使われたキーワードを調べる

動画の分析

「トラフィックソース」レポートを確認して、動画を視聴したユーザーがどんなキーワードを使って動画にたどり着いたのかを調べましょう。ここでは「トラフィックソース」の「YouTube検索」から、検索に使われたキーワードを確認します。

トラフィックソースを分析する

❶チャンネルアナリティクスを表示し、[視聴者] をクリックします。

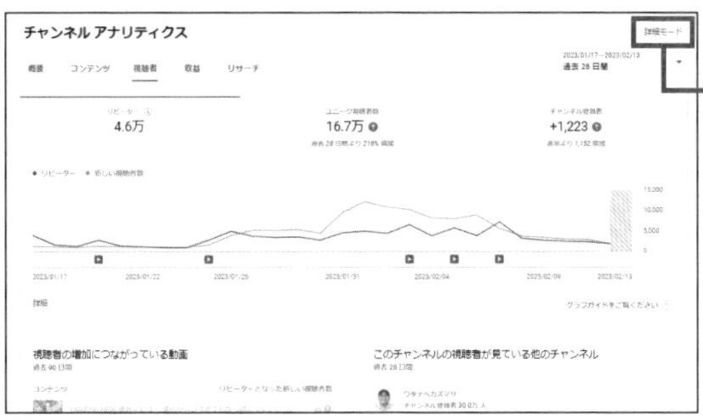

❷動画の概要が表示されます。

❸[詳細モード] をクリックします。

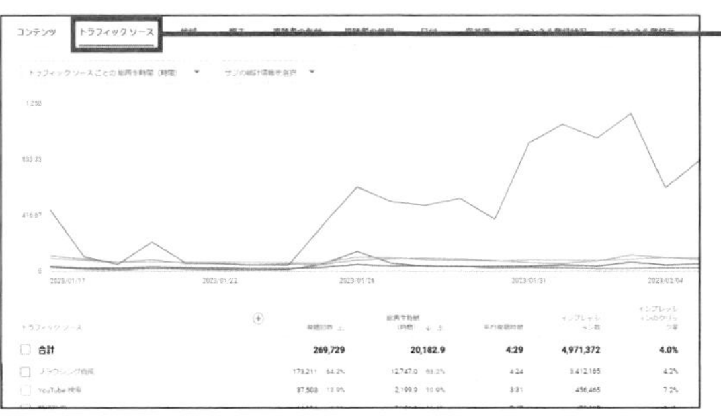

❹[トラフィックソース] をクリックします。

❺選択した動画の「トラフィックソース」レポートが表示されます。

110 動画が最後まで見られているかを調べる

動画の分析

「視聴者維持率」では、動画を視聴したユーザーがその動画をどこまで見たのかを確認できます。たとえ再生数が多くても、この「視聴者維持率」が低くては、ユーザーからの関心が高い動画とはいえません。

視聴者維持率を分析する

❶作成した動画を表示し、視聴者維持率を確認したい動画にマウスカーソルを合わせ、📊をクリックします。

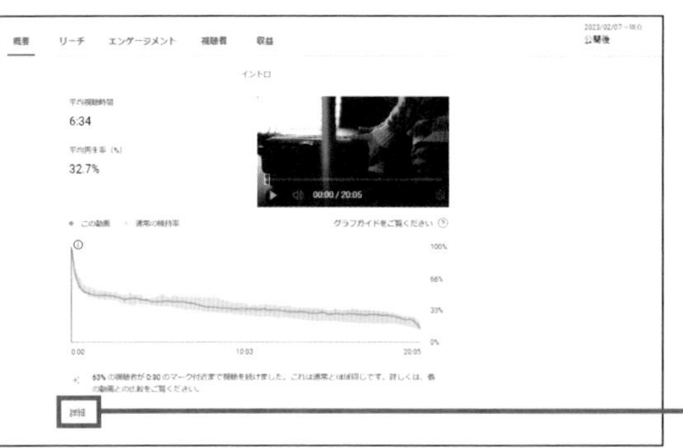

❷動画のアナリティクスが表示されます。

❸［詳細］をクリックします。

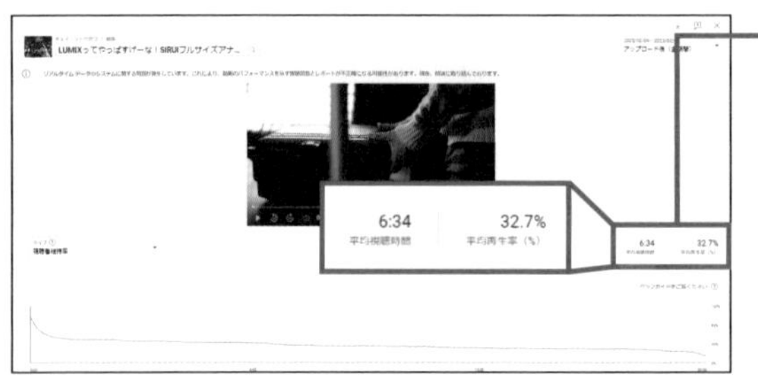

❹選択した動画の「視聴者維持率」レポートが表示されます。画面右側には、「平均視聴時間」と「平均再生率」が数字で表示されます。

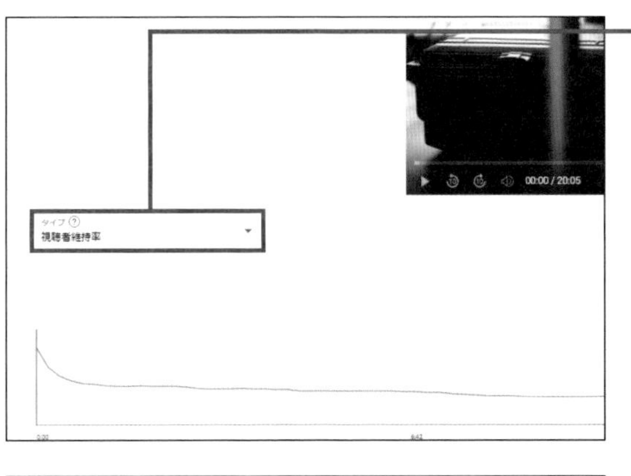

❺［視聴者維持率］をクリックし、

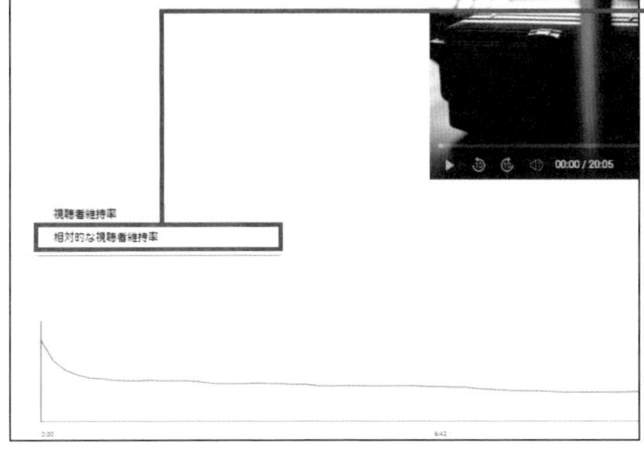

❻［相対的な視聴者維持率］をクリックします。

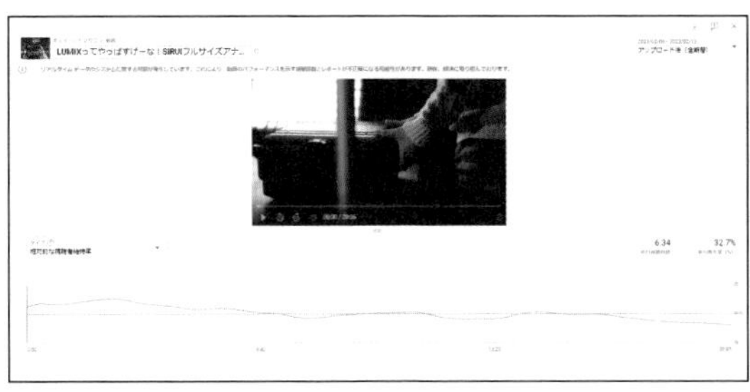

❼動画の再生中にユーザーの注目をどれだけ維持できたかを、動画時間が同じくらいのほかの YouTube 動画と比べたデータが表示されます。

COLUMN 動画を最後まで見てもらえる工夫をする

ある動画の視聴維持率が平均を下回る場合、ユーザーが関心を持っていない、最後まで視聴するモチベーションを感じていない、などの理由が考えられます。そんなときは動画を再編集して、ユーザーが離脱する確率が高い部分にキャッチーな内容を組み込んでみましょう。たとえば動画の後半の視聴維持率が低い場合は、冒頭に「動画の最後にお知らせがあります」という告知を入れて、動画の最後は次回配信する動画について説明するシーンで締める、というのも1つの手です。

111 動画の分析

チャンネル登録のきっかけの動画を調べる

「チャンネル登録者」レポートを確認して、視聴者がどこからチャンネルを登録してくれたのかを調べましょう。また、チャンネル登録のきっかけになった割合が多い動画を見つけたら、その動画のどこが視聴者に支持されたのかを考えることも重要です。

チャンネル登録動画を分析する

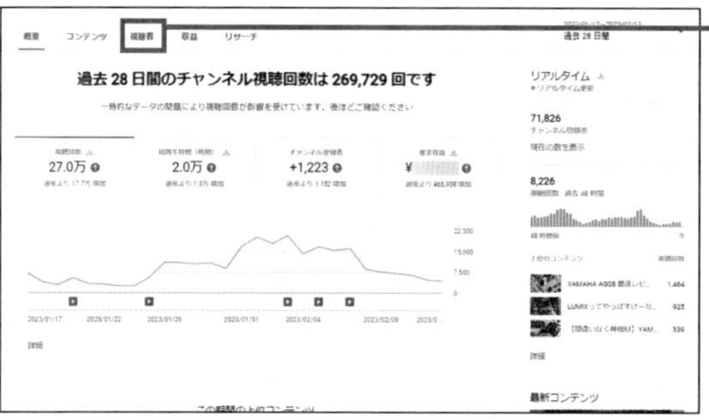

❶チャンネルアナリティクスを表示し、[視聴者] をクリックします。

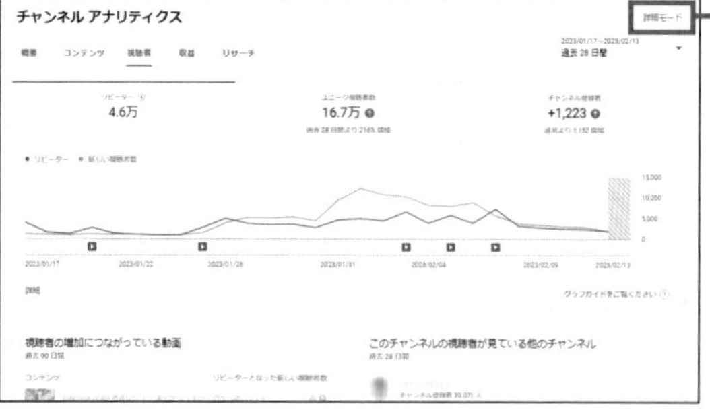

❷[詳細モード] をクリックします。

❸[チャンネル登録元] をクリックします。

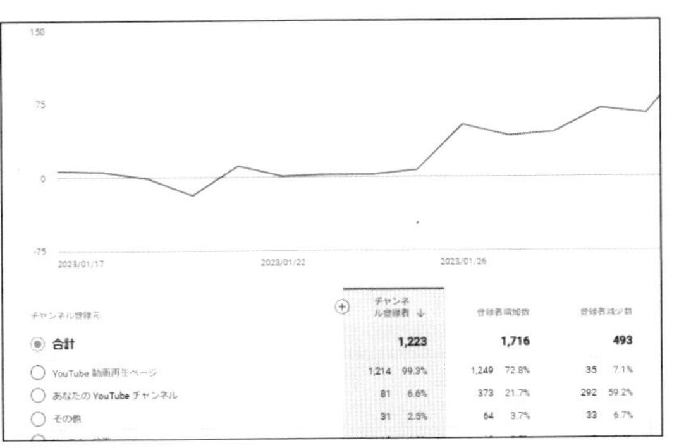

❹どこからチャンネル登録されたのかが表示されます。

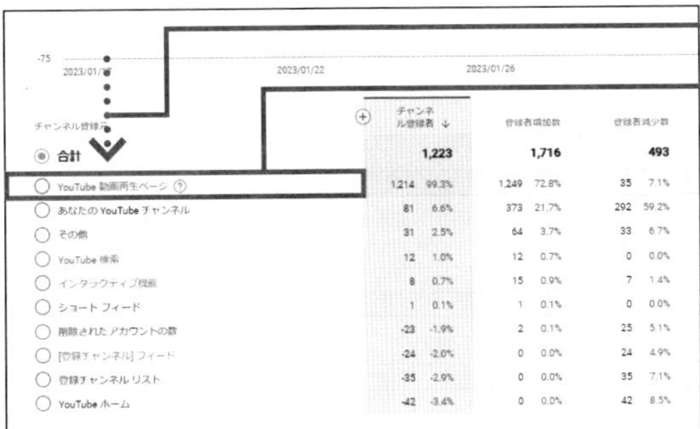

❺画面を下方向にスクロールし、

❻[YouTube 動画再生ページ]をクリックします。

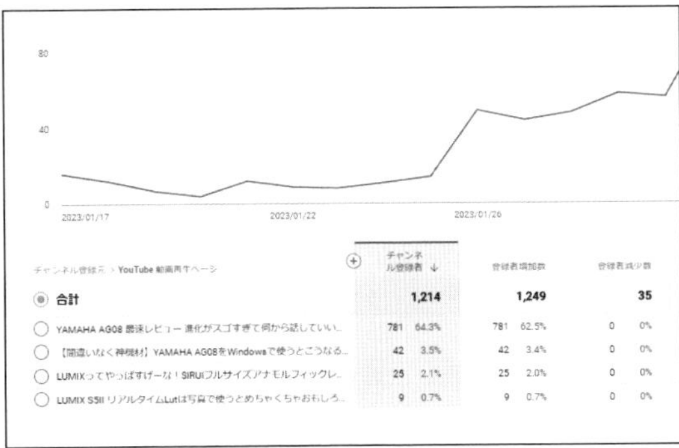

❼チャンネル登録の際に視聴された動画のタイトルが表示されます。

COLUMN チャンネル登録のアプローチ方法を見直す

チャンネル登録者の分析を行って、動画からの登録数の割合が多ければ、動画内での登録呼びかけやカードが効果的に働いているということになります。思ったようにチャンネル登録数が伸びない場合は、カードや終了画面でのアプローチを見直してみましょう。カードや終了画面の設定方法はSec.041 ～ 042を参照してください。また、自分のブログやSNSでもチャンネル登録を呼びかけてみましょう。

自分の動画が再生された場所を調べる

動画の分析

チャンネルアナリティクスでは、自分の動画が再生されたページやWebサイトなどを調べることができます。投稿した動画をブログやSNSなどで共有している場合は確認しましょう。動画の共有については、Sec.126～127を参照してください。

視聴場所を分析する

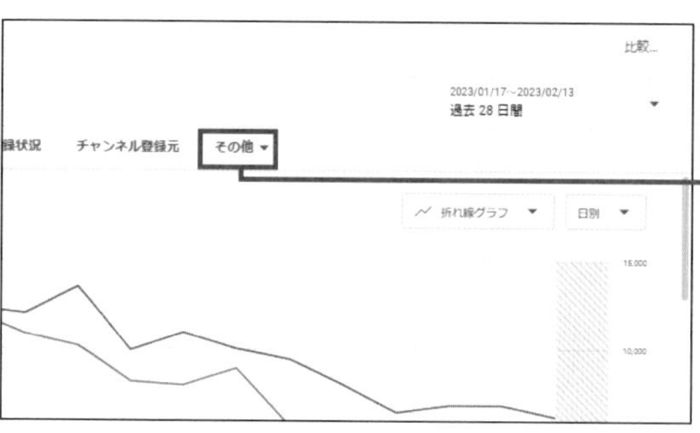

❶ チャンネルアナリティクスを表示し、[詳細モード] をクリックします。

❷ [その他] をクリックします。

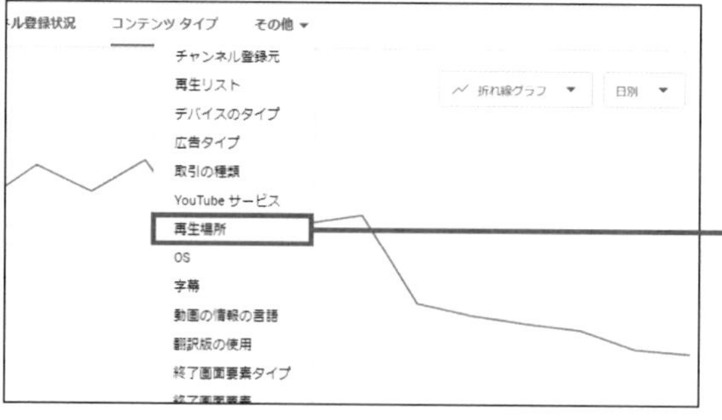

❸ [再生場所] をクリックします。

再生場所	視聴回数		総再生時間（時間）		平均視聴時間
合計	267,000		19,464.8		4:22
YouTube 動画再生ページ	208,500	78.1%	18,599.7	95.6%	5:21
ブラウジング機能	50,011	18.7%	686.4	3.5%	0:49
外部のウェブサイトやアプリの埋め込みプレーヤー	7,534	2.8%	160.1	0.8%	1:16

❹ 再生場所ごとの視聴回数と、動画の再生場所が表示されます。

動画の分析

フィルタを適用して調べる

チャンネルアナリティクスではフィルタを適用することで、地域や公開日、視聴者が使用しているOSやデバイスなどで結果を絞ることができます。「カードの効果をデバイスごとに確認したい」など、アナリティクスに詳細な条件を追加できます。

アナリティクスにフィルタを適用する

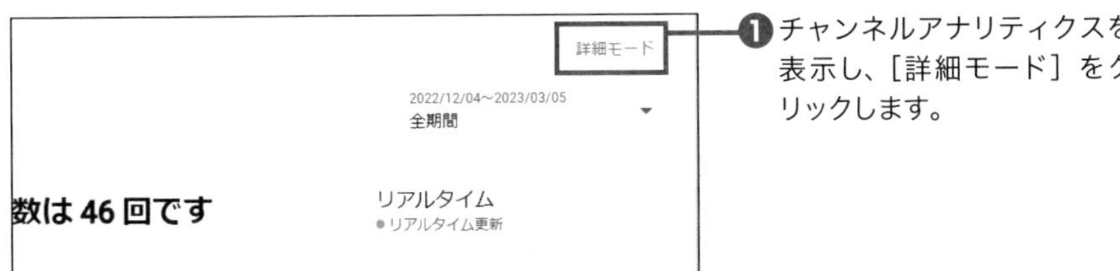

❶チャンネルアナリティクスを表示し、［詳細モード］をクリックします。

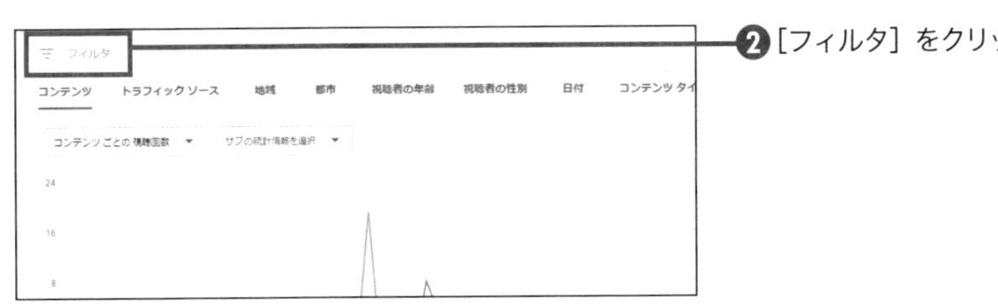

❷［フィルタ］をクリックします。

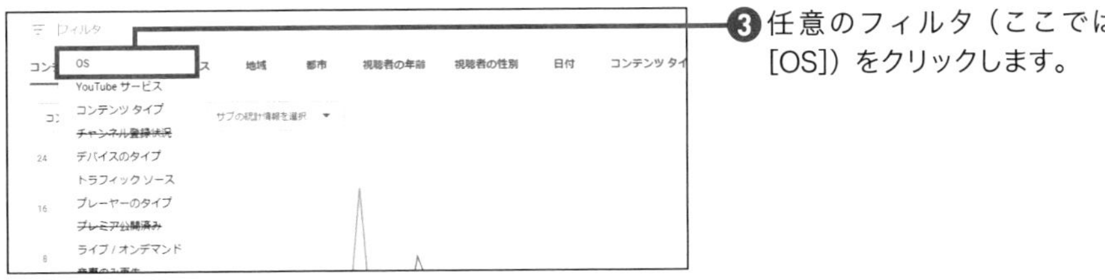

❸任意のフィルタ（ここでは［OS］）をクリックします。

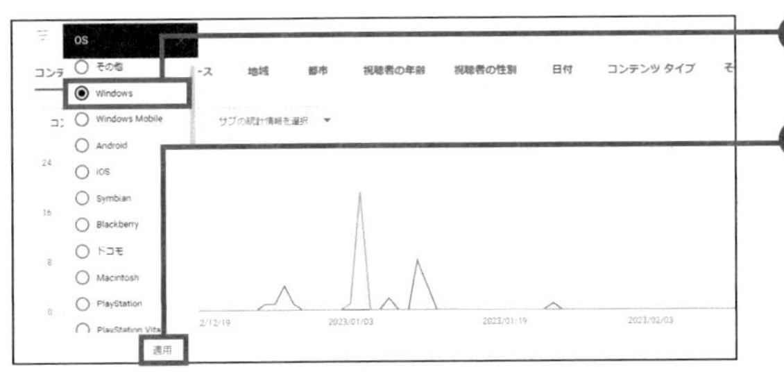

❹ここでは［Windows］をクリックして選択し、

❺［適用］をクリックするとフィルタが適用されます。

114 動画の分析
スマートフォンとパソコンで見られる割合を調べる

近年ではスマートフォンの普及によって、モバイル環境からの動画の視聴も増えています。チャンネルアナリティクスを利用すれば、視聴に使っている端末の割合を確認できます。視聴者の視聴環境を知ることも、よりよい動画を作るのに必要です。

視聴デバイスを分析する

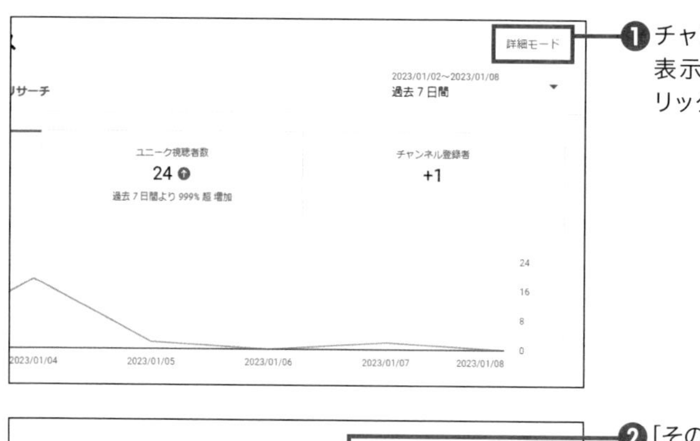

❶チャンネルアナリティクスを表示し、［詳細モード］をクリックします。

❷［その他］をクリックします。

❸［OS］をクリックします。

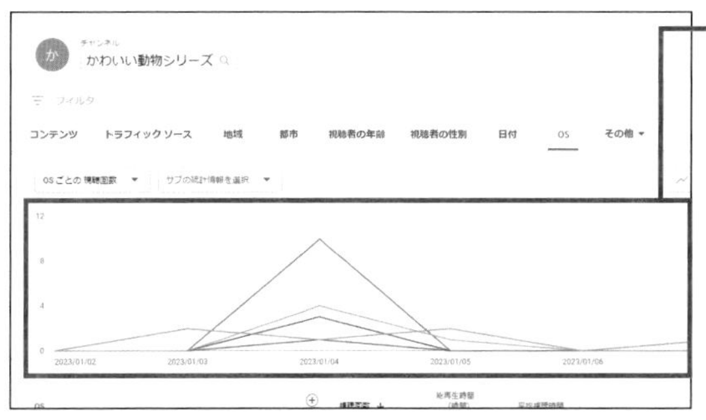

④ OSごとのアクセス数がグラフで表示されます。

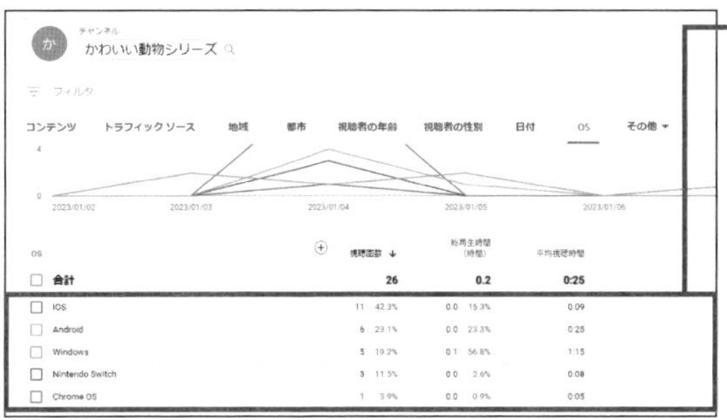

⑤ 画面を下方向にスクロールすると、視聴回数や総再生時間を確認できます。

COLUMN 視聴環境に合わせた動画作り

近年では、スマートフォンからYouTubeを視聴する人がますます増加しています。そのため、スマートフォンから視聴しやすい動画作りが必須となります。視聴者がどの端末から動画を再生しているのかを把握し、文字の大きさやリンクの位置を工夫して、動画を適切な長さにするなど、どの端末でも見やすい動画作りを心がけましょう。

パソコン

スマートフォン

カードや終了画面の効果を調べる

チャンネルアナリティクスを利用すると、カードや終了画面の効果を調べることもできます。これによって、カードや終了画面が期待通りの働きをしているかがわかります。クリック数の少ない動画は内容を修正し、改善していきましょう。

カードの効果を分析する

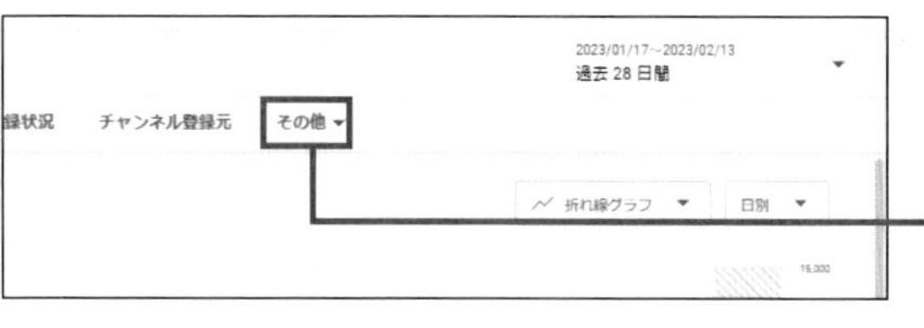

❶チャンネルアナリティクスを表示し、[詳細モード] をクリックします。

❷[その他] をクリックします。

❸[カード] をクリックします。

❹カードのクリック数や、カードのクリック率などがグラフで表示されます。

COLUMN クリックされるようなティーザーテキストやタイトルを考える

カードのアクセス情報には、「ティーザーのクリック数」と「カードのクリック数」が表示されます。ティーザーテキスト（カードと一緒に表示されるテキスト）のクリック数が高いにも関わらず、カードのクリック数が少ない場合、動画のタイトルに魅力がないと考えられます。視聴者がクリックしたくなるタイトルを考えて、カードのクリック率を上げましょう。

終了画面の効果を分析する

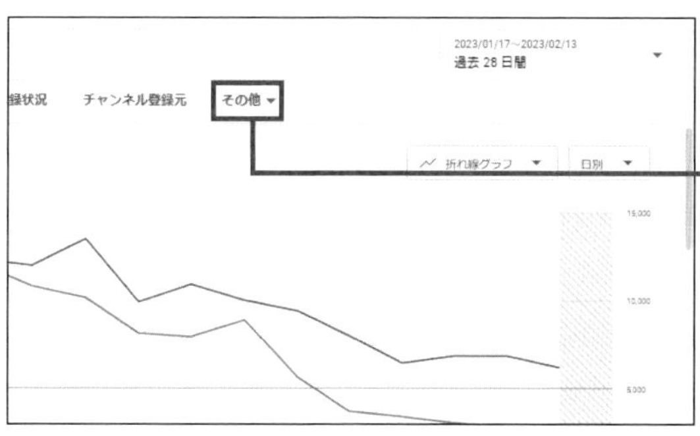

❶チャンネルアナリティクスを表示し、［詳細モード］をクリックします。

❷［その他］をクリックします。

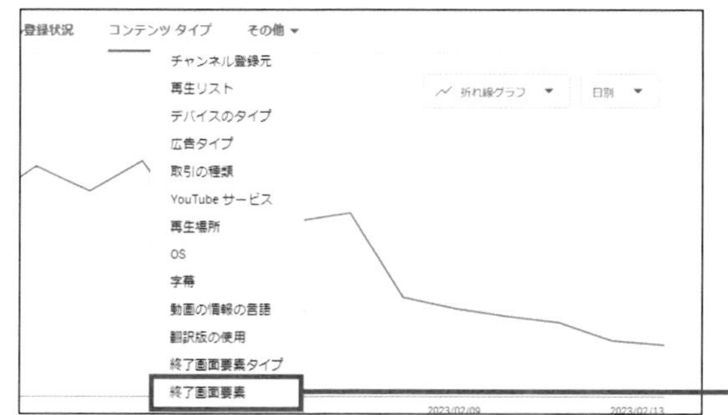

❸［終了画面要素］をクリックします。

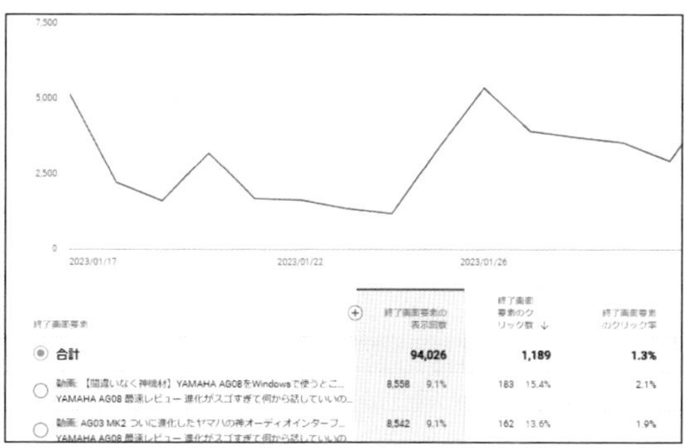

❹終了画面要素の表示回数やクリック数などがグラフで表示されます。

COLUMN 終了画面要素タイプを確認する

手順❸の画面で［終了画面要素タイプ］をクリックすると、「チャンネル登録」や「再生リスト」など、終了画面に追加した要素別のデータを確認できます。終了画面要素のクリック数が少ないとき、それらは視聴者にとって関心がない内容である場合があります。終了画面にチャンネル紹介動画を追加したり、再生数の多い動画を追加するなどしてカスタマイズしましょう。

広告の収益レポートを確認する

チャンネルアナリティクスでは、設定した広告からどれだけ収益が上がったのかを確認できます。動画配信が軌道に乗り始めたら、収益額が多い動画からデータを集めることが大切です。収益レポートを活用して、さらに収入を上げるヒントをつかみましょう。

推定収益額を確認する

❶チャンネルアナリティクスを表示し、[収益] をクリックします。

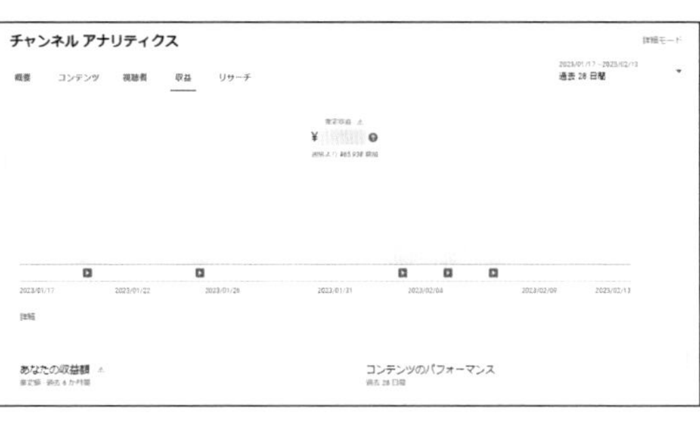

❷全体の推定収益額がグラフで表示されます。

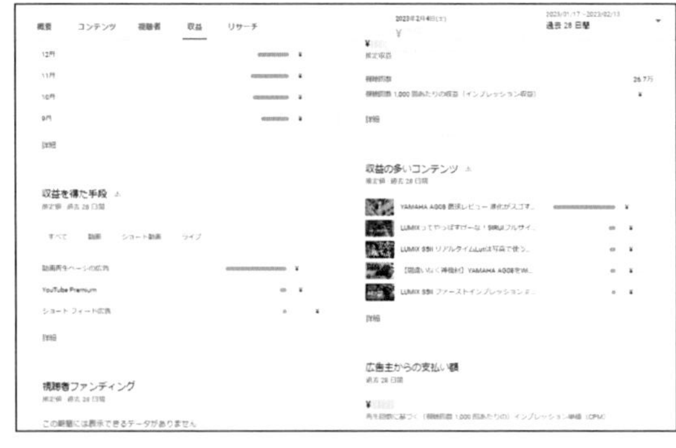

❸画面下部には、どの動画で収益が発生したのかが表示されます。

第5章
第6章 動画の分析
第7章
第8章

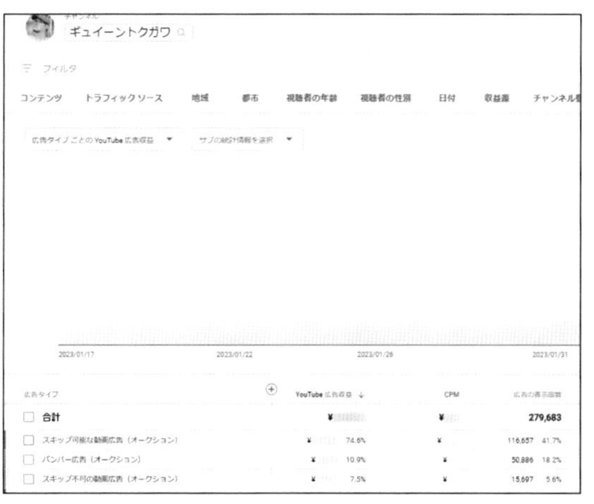

❹[詳細モード] → [その他] → [広告タイプ] の順にクリックすると、どのタイプの広告で収益が発生したのかが確認できます。

広告の表示結果を分析する

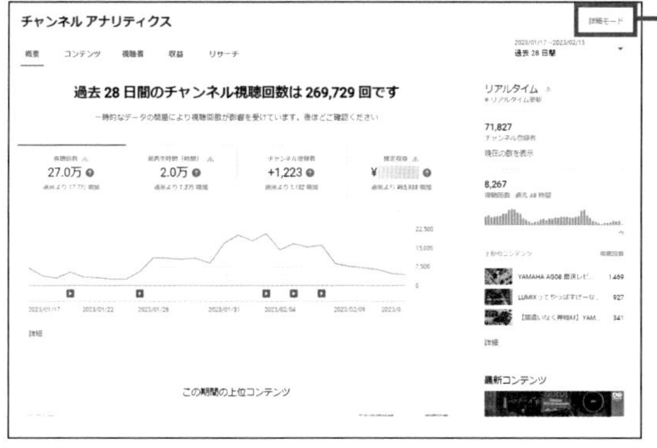

❶チャンネルアナリティクスを表示し、[詳細モード] をクリックします。

❷[コンテンツ] をクリックします。

❸「コンテンツごとの再生回数に基づくCPM」が表示され、1,000再生あたりの広告単価が確認できます。同じ動画でも、時期によって広告単価が変動します。

広告収入を上げるための改善ポイント

動画の広告収入を上げるには、チャンネルの登録者を増やすことが大切です。チャンネルを登録してもらうと、ユーザーとチャンネル動画との接点が増え、動画を見てもらえる可能性が高まります。また、話題性のあるものを動画で取り上げることも1つの方法です。既存のファン以外の、新たなユーザーに動画を見てもらえるきっかけになります。

チャンネル登録者を増やす

一定の間隔で定期的に動画を投稿することで、チャンネル登録をしてくれる視聴者も増えます。

動画作りを継続しやすくするためにも、自分の得意なジャンルを見つけましょう。

話題性のあるものを動画にする

話題になっている商品やお店、作品などを動画の中で取り上げることも、多くのユーザーに視聴してもらえるきっかけになる可能性があります。

有名なYouTuberやインターネット、テレビなどから最新の情報を得られるよう、常にアンテナを張っておきましょう。

第5章 第6章 動画の分析 第7章 第8章

第 7 章

集客力アップ！
動画を見てもらうための
テクニック

SECTION 117 集客力アップ

多くの人に動画を見てもらうためには

投稿した動画をより多くの人に見てもらうためには、しっかりと現状を分析し、次回作に活かすことが重要です。また、動画の宣伝も大切です。カードや終了画面を利用してほかの動画に誘導したり、SNSで動画を共有したりして、効果的な宣伝をしていきましょう。

動画の分析と改善を強化する

より多くのユーザーに見てもらうために、動画の分析をしましょう。とくにトラフィックソースの分析は、どんなユーザーがどんなルートで、いつ・どのくらい動画を見てくれたのかがわかります。また、ユーザーが動画の検索に使用したキーワードを調べれば、タイトルはもちろん、タグや説明文を改善していくことができます。

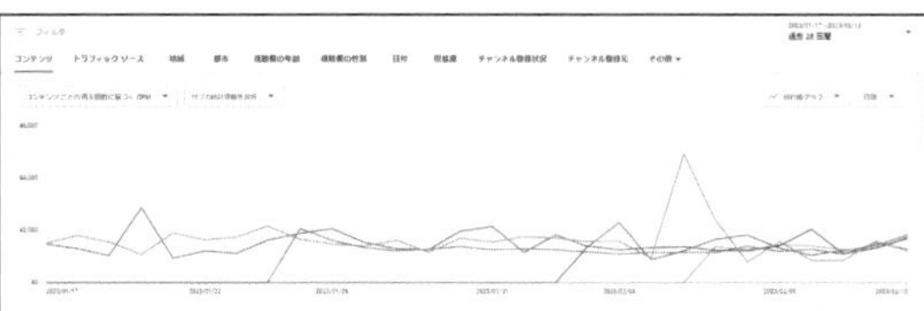

「アナリティクス」の「トラフィックソース」からは、視聴者がどのような経路で動画を再生したのかを調べることができます（Sec.109参照）。

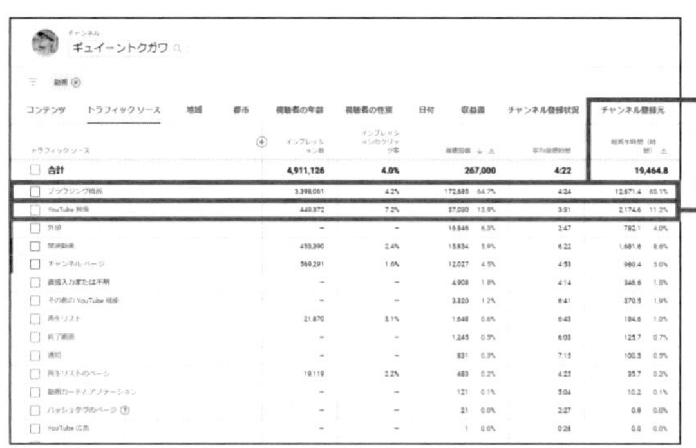

トラフィックソース	インプレッション数	インプレッションのクリック率	視聴回数		平均視聴時間	総再生時間（時間）	
合計	4,911,126	4.0%	267,000		4:22	19,464.8	
ブラウジング機能	3,398,061	4.2%	172,685	64.7%	4:24	12,671.4	65.1%
YouTube検索	449,872	7.2%	37,030	13.9%	3:51	2,174.6	11.2%
外部	–	–	16,846	6.3%	2:47	782.1	4.0%
関連動画	453,390	2.4%	15,834	5.9%	6:22	1,681.6	8.6%
チャンネルページ	569,291	1.6%	12,027	4.5%	4:53	980.4	5.0%
直接入力または不明	–	–	4,908	1.8%	4:14	346.6	1.8%
その他のYouTube機能	–	–	3,820	1.2%	6:41	370.5	1.9%
再生リスト	21,870	3.1%	1,648	0.6%	6:43	184.6	1.0%
終了画面	–	–	1,245	0.5%	6:03	125.7	0.7%
通知	–	–	831	0.3%	7:15	100.5	0.5%
再生リストのページ	19,119	2.2%	483	0.2%	4:25	35.7	0.2%
動画カードとアノテーション	–	–	121	0.1%	5:04	10.2	0.1%
ハッシュタグのページ	–	–	21	0.0%	2:27	0.9	0.0%
YouTube広告	–	–	1	0.0%	0:28	0.0	0.0%

このチャンネルでは、「ブラウジング機能」や「YouTube検索」からの視聴が多いことを確認できます。

タグ

タグは、自分の動画のコンテンツの検索で入力ミスがよくある場合に便利です。その場合を除けば、視聴者が動画を検索するときにタグが果たす役割はごく小さなものです。詳細

ペンギン ⊗ 癒し動画 ⊗ 水族館 ⊗

各タグの後にはカンマを入力してください。 13/500

言語とキャプションの認定

動画の言語と、必要に応じて字幕の認定を選択します。

動画の言語 選択

字幕の認定 ? なし

このような場合は、検索でよりヒットしそうなタイトルをつける、タグの数を増やす、などの工夫をしてみましょう。

ほかの動画も見てもらえるように工夫する

動画の再生数やチャンネル登録者数を増やすためには、各動画にカードや終了画面を設定するなどの工夫を凝らしたり、ほかのネットワークへ情報発信をするなどの対策が重要になります。効率のよい方法で、たくさんの人に動画を見てもらいましょう。

これまで投稿した動画を再生リストにまとめることで、視聴者を自然な形でほかの動画に誘導できます（Sec.122参照）。

カードにほかの動画の情報を設定することで、視聴者の動画巡回率を上げることができます（Sec.124参照）。

SNSで動画を共有することによって、YouTubeユーザー以外にも情報を発信することができ、新たなファンの獲得が見込めます（Sec.127参照）。

118 集客力アップ 定期的に投稿する

多くの人に自分の投稿した動画を視聴してもらうためには、定期的に動画を投稿し続けましょう。定期的に動画を投稿して露出を増やすことで、視聴者数の増加や固定ファンを獲得できる可能性が高まります。

投稿頻度に注意する

たくさんのファンを集めるためには、曜日や時間を決めたうえで定期的に動画を投稿すると効果的です。ただし、投稿頻度には気をつけましょう。投稿頻度があまりにも高すぎると、視聴者に飽きられたり、登録を解除されてしまったりなど、かえって逆効果になってしまう場合があります。その際には、チャンネルや投稿する動画のジャンルを大きく分けるなど工夫をしましょう。

定期的に動画を投稿することは、固定ファンの増加につながります。また、特定の曜日や時間帯に投稿することで、視聴者に動画の再生を習慣づけさせることができます。

投稿が頻繁になる場合、視聴者のニーズによって、ジャンルごとにチャンネルを分けて投稿することをおすすめします。

119 集客力アップ わかりやすいタイトルを考える

投稿した動画を視聴してもらうには、まずタイトルが重要です。動画の内容を簡潔にまとめ、なおかつ目に留まるようなタイトルをつけて視聴者を惹きつけましょう。より注目されやすいように、【 】や擬音などを利用するのも効果的です。

タイトルで惹きつける

再生する動画を選ぶ際に、視聴者はまずタイトルを見ます。動画の内容がわかるタイトル、またはどんな動画なのかと思わず再生してみたくなるタイトルをつけましょう。動画を検索して見つけてもらうためにもタイトルは重要です。しっかりと考えましょう。

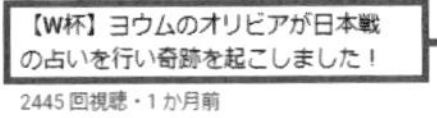

【 】を利用して何をテーマにした内容の動画なのかをわかりやすくし、印象に残るタイトルをつけた動画。

この動画では、どのような内容の動画なのかという興味を惹きつける工夫がされています。

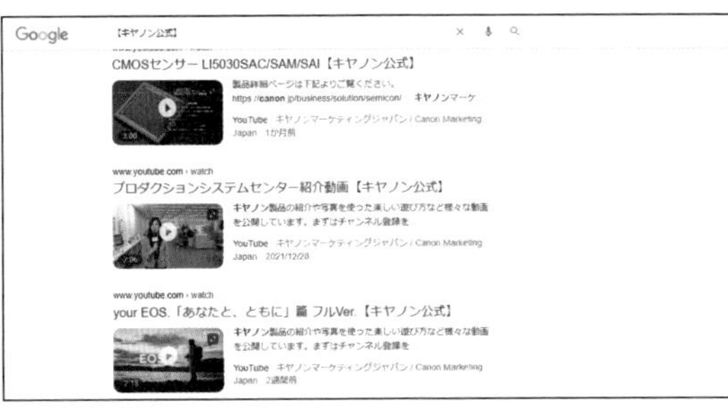

検索エンジンで動画を検索する人もいるので、タイトルだけで動画の内容が伝わるようにしましょう。

集客力アップ

タグや説明文でSEO対策する

自分の投稿した動画をより多くのユーザーに視聴してもらうには、効果的なSEO対策を行いましょう。SEO対策は難しいことではありません。適切なキーワードを説明文やタイトル、タグに盛り込むだけである程度の効果を期待できます。

SEO対策とは

SEOとは、YouTubeやほかの検索エンジンを利用してコンテンツを検索したときに、自分の投稿した動画を見つけてもらいやすくするためのテクニックのことです。動画の内容に関するキーワードや投稿者自身の情報などを、動画のタイトルや説明文、タグに含めることによって、それらのキーワードで検索した視聴者に自分の投稿した動画を見つけてもらいやすくなります。

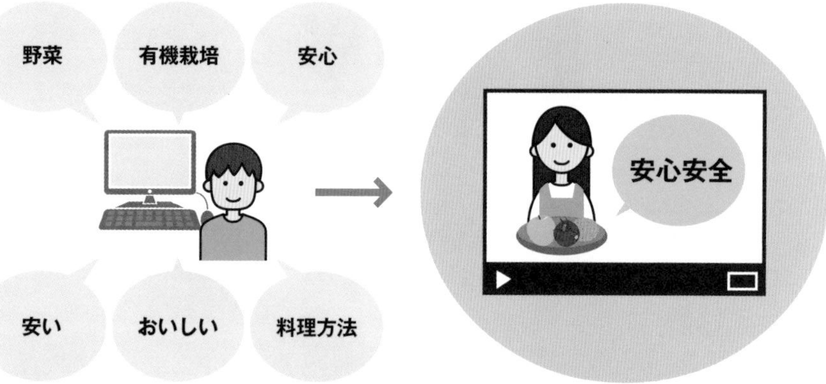

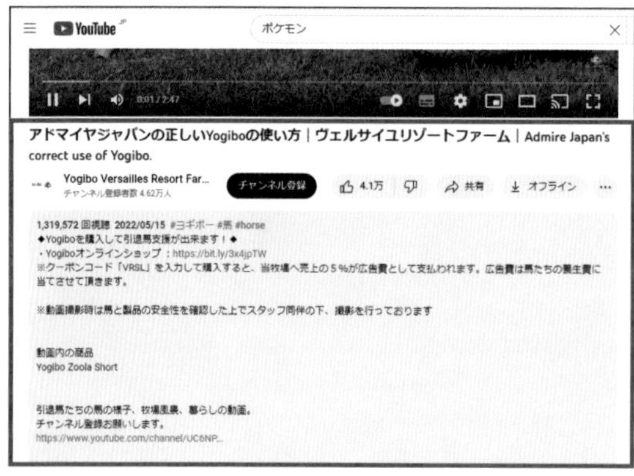

検索結果の上位に表示される動画はタイトルが簡潔でわかりやすく、説明文も充実しています。

タグや説明文を最適化する

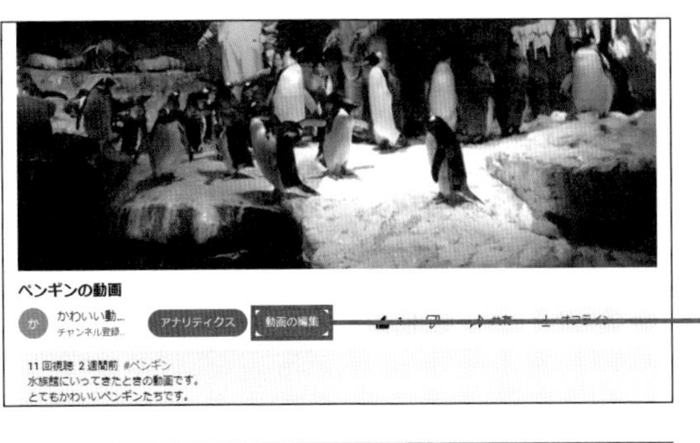

❶タグや説明文を編集したい動画を開き、

❷［動画の編集］をクリックします。

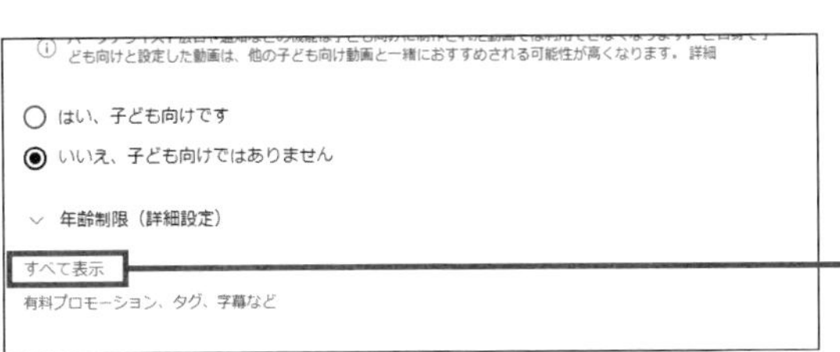

❸動画の編集画面が開きました。ここではタグを追加します。

❹［すべて表示］をクリックします。

❺視聴者に検索されやすいよう、動画に関連するキーワードを多く入力します。

MEMO 検索ワードの確認

Sec.109の方法で「どのようなワードで検索されているか」を確認できるので、ぜひ参考にしましょう。

❻編集が完了したら、画面右上の［保存］をクリックします。

動画をチャンネルでアピールする

自分が投稿した動画は、「動画スポットライト」を使用することでチャンネルでアピールすることができます。動画スポットライトに追加した動画はチャンネルの上部に大きく表示されます。

チャンネルの上部に動画を表示する

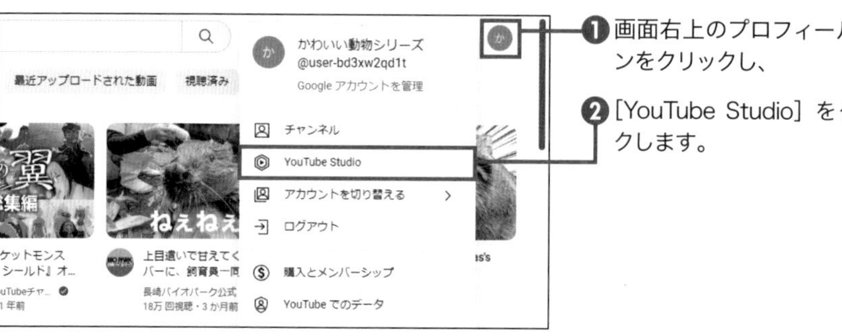

❶画面右上のプロフィールボタンをクリックし、

❷［YouTube Studio］をクリックします。

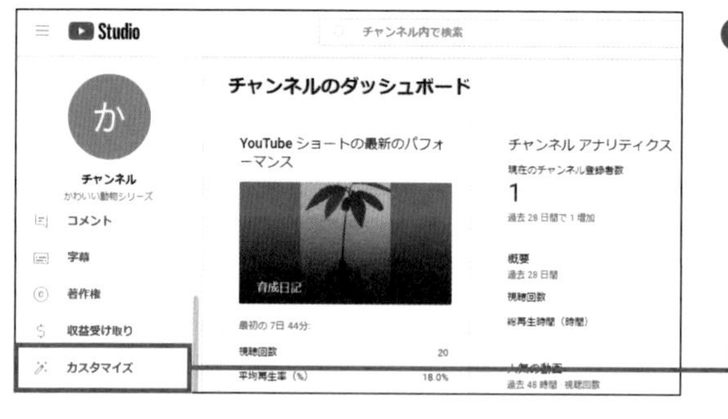

❸ガイドの項目から［カスタマイズ］をクリックします。

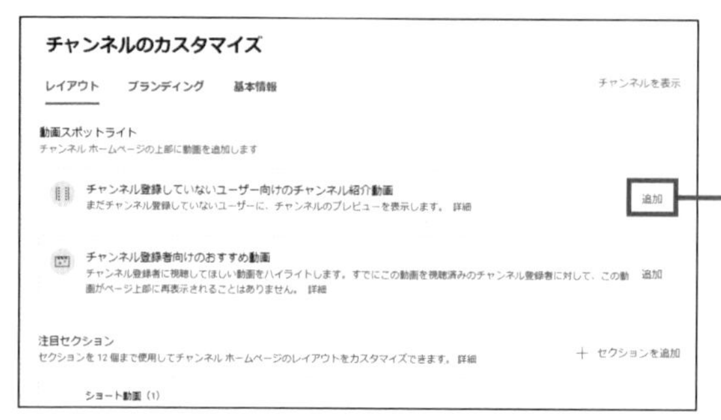

❹「チャンネル登録していないユーザー向けのチャンネル紹介動画」の［追加］をクリックします。

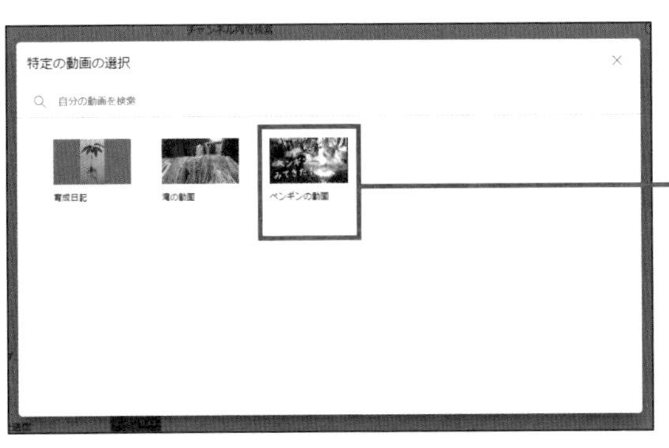

❺紹介したい動画をクリックします。

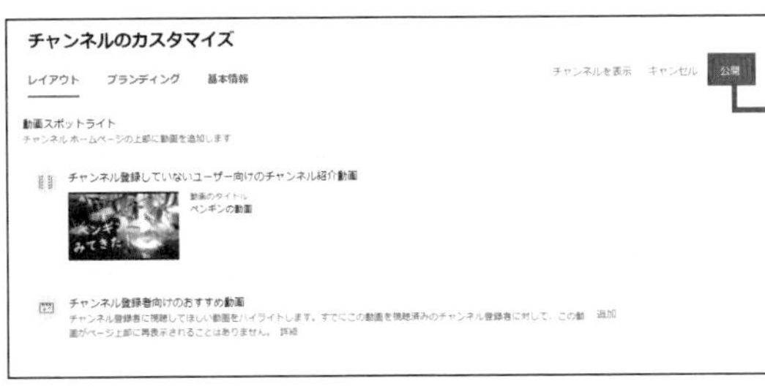

❻動画が追加されます。

❼［公開］をクリックします。

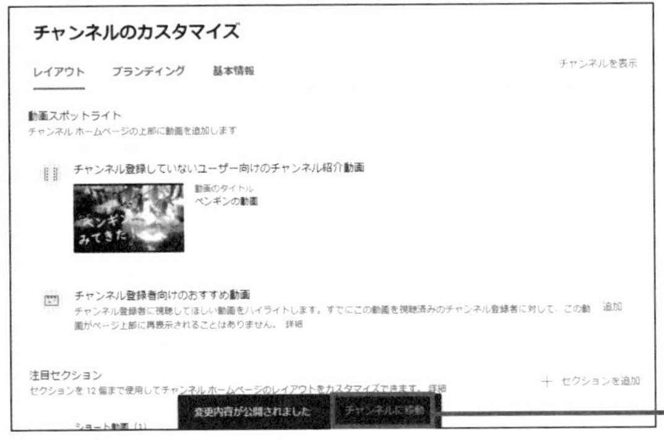

❽動画が公開されます。

❾［チャンネルに移動］をクリックします。

❿チャンネルの上部に動画が表示されていることを確認できます。

第5章
第6章
集客力アップ 第7章
第8章

再生リストで動画をシリーズ化する

投稿した動画の本数が増えてきたり、定期的に動画を投稿したりする場合は、動画をシリーズ化することをおすすめします。シリーズ化することによって、固定ファンの増加や視聴者の習慣づけにつながり、再生回数やチャンネル登録者数を伸ばすことができます。

動画をシリーズ化するメリット

同じテーマで作成した動画が複数ある場合には、再生リストを活用して動画をシリーズ化しましょう。視聴者が興味を持った動画から、別の動画を続けて見てもらうことができます。また、再生リストもGoogleの検索対象になります。再生リストに動画を追加する方法はSec.045を参照してください。

シリーズに興味を持ってもらえれば、ユーザーがチャンネル登録をしてくれたり、定期的に動画を視聴してくれたりするようになります。

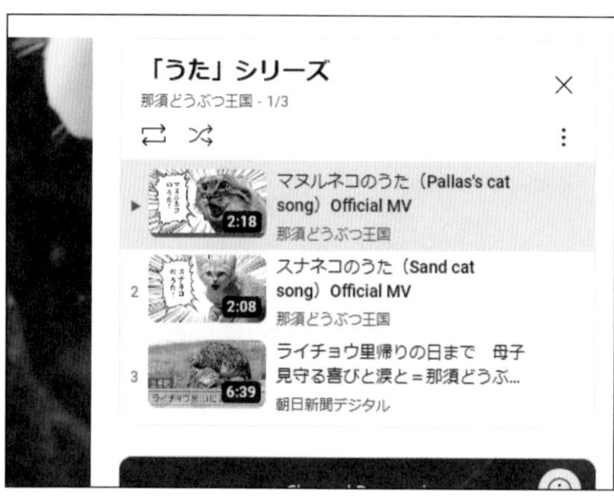

再生リストを利用して動画をシリーズ化すると、自動的に次の動画も再生されるため、別の動画も視聴してもらえるきっかけになります。

SECTION 123 集客力アップ
テーマごとにチャンネルを分けて運用する

YouTubeでは複数のチャンネルを作成できるため、テーマごとにチャンネルを分けて動画を投稿できます。複数のチャンネルに分けて運用することで、それぞれのブランディング（ブランドの構築）が可能になります。

複数のチャンネルを活用する

ある程度投稿動画数が増えたら、テーマごとにチャンネルを開設し、それぞれをブランディングしていきましょう。チャンネルを新しく作成する方法はSec.075を参考にしてください。

イベント動画

商品紹介動画

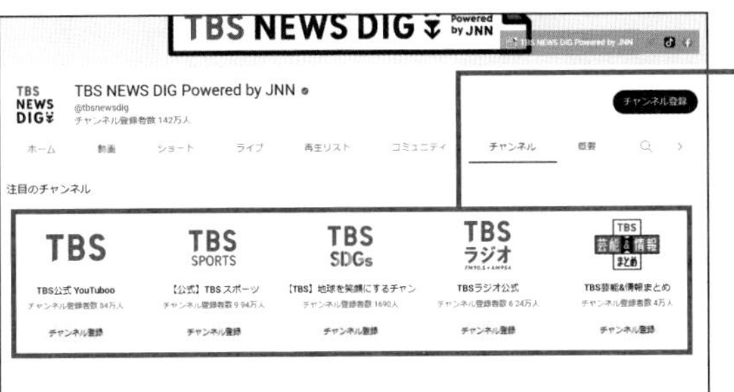

複数のチャンネルを作成するときは、視聴者がひとめで内容を判断できるチャンネル名にしましょう。

124 集客力アップ

カードでほかの動画に誘導する

適切なタイミングでカードを表示させせることで、視聴者をほかの動画に誘導することができます。カード機能は動画の右上に表示されるため邪魔になりにくく、視聴者に不快感を与えずに誘導できます。

カードでほかの動画に誘導する

カードを動画内に設置し、視聴者を直接的にほかの動画に誘導することによって、動画の巡回率を上げることができます。できるだけすべての動画にカードを設定しましょう。視聴者が自分の動画をたくさん再生してくれることで自然と再生数や評価数も伸びるほか、チャンネル登録にも結びつく可能性があります。カードの設定については、Sec.041を参照してください。

カードは常に画面右上に表示されます。

設定したタイミングで「ティーザーテキスト」が表示されます。

ティーザーテキストをクリックすると、「カスタムメッセージ」と動画のサムネイルが表示されます。

魅力的な文章を考え、ほかの動画に誘導しましょう。

125 集客力アップ 終了画面でチャンネル登録を促す

終了画面を使って、チャンネル登録を促してみましょう。この機能は動画の最後の5～20秒間に設定でき、おすすめ動画やチャンネル登録を促す画面を表示できます。終了画面では、最大5つの要素を追加することができます。

終了画面でチャンネル登録を呼びかける

終了画面では、「動画」「再生リスト」「登録」「チャンネル」「リンク」の5つの要素を追加できます。終了画面の設定については、Sec.042を参照してください。

終了画面の要素は、動画の5～20秒の間で好きなタイミングに表示させることができます。

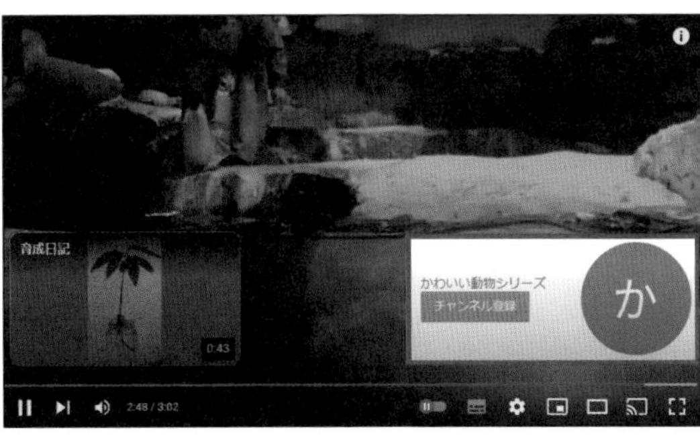

チャンネルアイコンにマウスを重ねると、チャンネル名が表示されます。

COLUMN 終了画面を活用するメリット

動画の再生が終了したあとは、視聴者には動画に対する印象が強く残っている状態です。そのタイミングでチャンネル登録を促せば、登録してもらえる可能性が高くなります。また、終了画面はスマートフォンでも表示され、チャンネル登録のアイコンや動画をタップできるので、さまざまな視聴環境のユーザーにも見てもらうことができます。

126 集客力アップ 自分のブログ&ホームページで動画を紹介する

YouTubeでは、自分のブログやホームページに動画を埋め込んで表示するためのリンクを発行できます。埋め込み式のリンクを利用することで、YouTubeを開かなくてもそのページから直接動画を再生できます。

自分のブログ&ホームページで動画を紹介する

❶リンクを発行したい動画を開き、［共有］をクリックします。

❷［埋め込む］をクリックします。

❸埋め込み式のURLが表示されます。

❹［コピー］をクリックすると、リンクをコピーできます。コピーしたURLはブログやホームページに貼りつけます。

127 集客力アップ

自分のSNSで動画を紹介する

YouTubeでは、特定のSNSと動画を共有をすることができます。YouTubeをSNSと共有させることで、YouTubeで動画を投稿したと同時にSNSで宣伝をすることができ、非常に便利です。

自分のSNSで動画を紹介する

YouTube で新しく動画を投稿したら、「共有」を使って SNS で紹介しましょう。

「共有」からの操作で、さまざまなSNSで動画の紹介や宣伝ができます。

投稿した動画を自分の SNS に流すと露出がアップし、より多くの人に見てもらうことができます。多数のコンテンツで動画を紹介すれば、より効果的に宣伝できます。

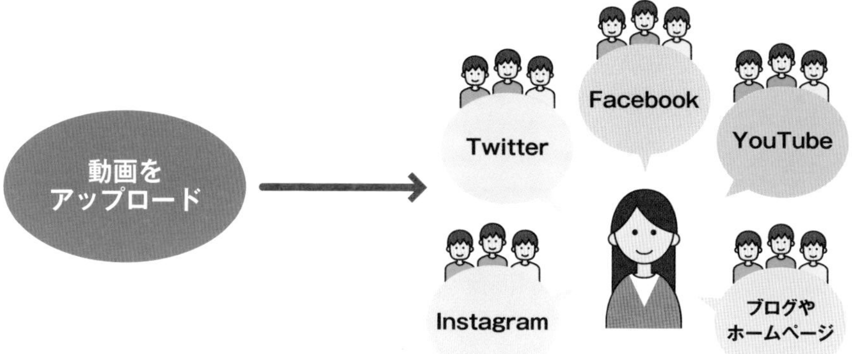

第5章 第6章 第7章 集客力アップ 第8章

動画をSNSで共有する

❶SNS で共有したい動画を表示し、

❷[共有] をクリックします。

❸共有したい SNS（ここでは [Twitter]）をクリックします。

❹SNS のページが表示されます。

❺投稿内容を確認し、問題がなければ [ツイートする] をクリックします。

❻ツイートが投稿されます。

再生リストをSNSで共有する

❶ガイドの項目から、SNSで共有したい再生リストをクリックします。

❷ をクリックします。

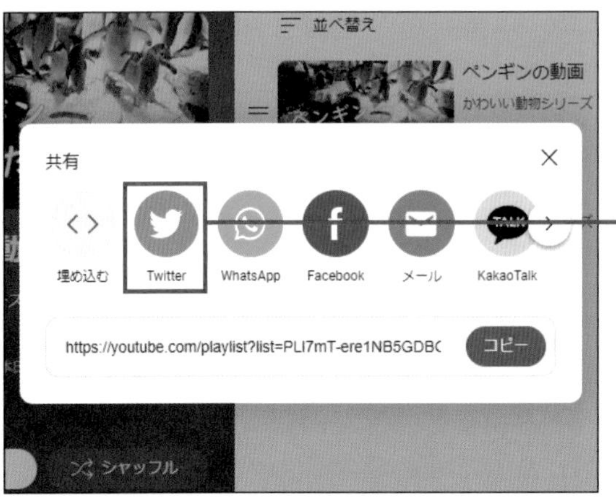

❸共有したいSNS（ここでは[Twitter]）をクリックします。

❹SNSのページが表示されます。

❺投稿内容を確認し、問題がなければ［ツイートする］をクリックします。

❻ツイートが投稿されます。

第8章

手軽に視聴&管理！スマートフォンの活用テクニック

128 スマートフォンでYouTubeを活用するには

スマートフォンの活用

パソコンでYouTubeに動画をアップするには、動画ファイルをパソコンに取り込む作業など、ある程度の手間を要します。スマートフォンの「YouTube」アプリを利用すれば、手軽に動画を視聴したり、撮影した動画をスムーズに投稿したりできます。

専用アプリを活用する

多くのAndroid端末では、最初から「YouTube」アプリがインストールされています。ログインすれば、すぐにYouTubeを利用できます。

スマートフォンで動画の管理や分析をするには、無料で入手できる「YouTube Studio」アプリのインストールが必要です。

スマートフォンを活用する利点

パソコンは起動する時間がかかりますが、スマートフォンはすぐに起動して撮影や視聴ができます。

スマートフォンはアウトドアでも手軽に使用できます。

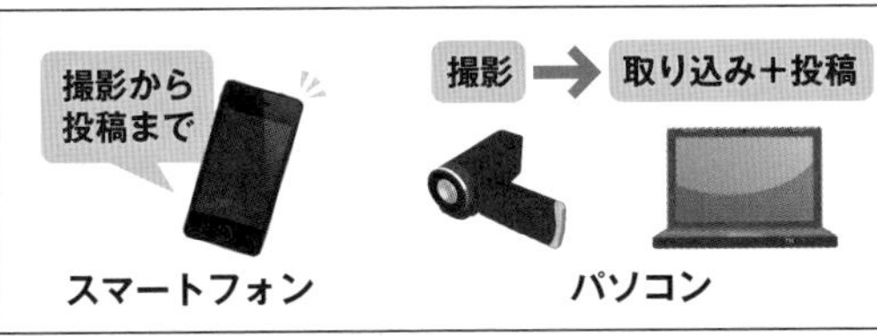

パソコンのように動画ファイルを取り込む必要がなく、撮影から投稿までをスマートフォン一台でできます。

スマートフォンでの注意点

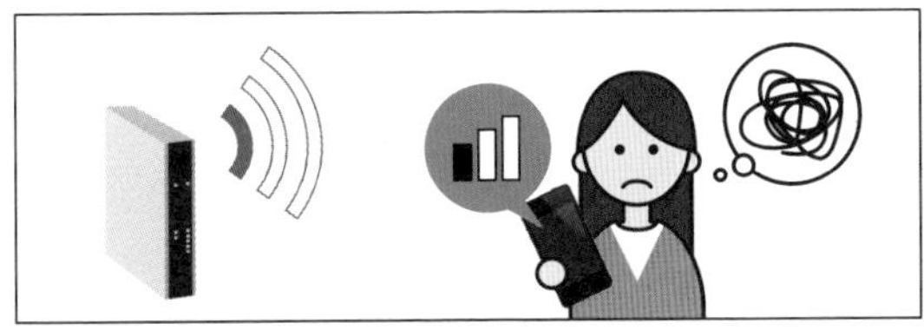

電波状況によって、動画の再生やアップロードがスムーズにできない場合があります。

動画の視聴や投稿は通信データ量が膨大になるので、できる限りWi－Fi接続で行いましょう。

「YouTube」アプリでは高度な編集、収益化設定ができません。

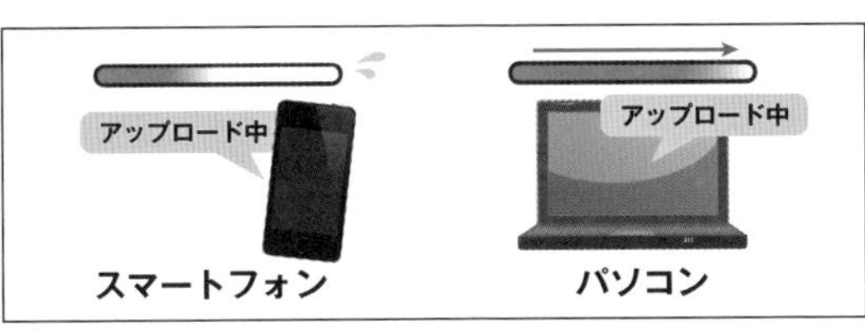

動画をアップロードする際、パソコンに比べて時間がかかります。

129 スマートフォンの活用 YouTubeアプリをインストールする

「YouTube」アプリをイントールしてみましょう。Android端末では「YouTube」アプリが最初からインストールされており、すぐに利用することができます。iPhoneで「YouTube」アプリを利用する場合、App Storeからダウンロードする必要があります。

Android端末でYouTubeアプリを起動する

❶ Android 端末のホーム画面を表示し、画面を上方向にスライドします。

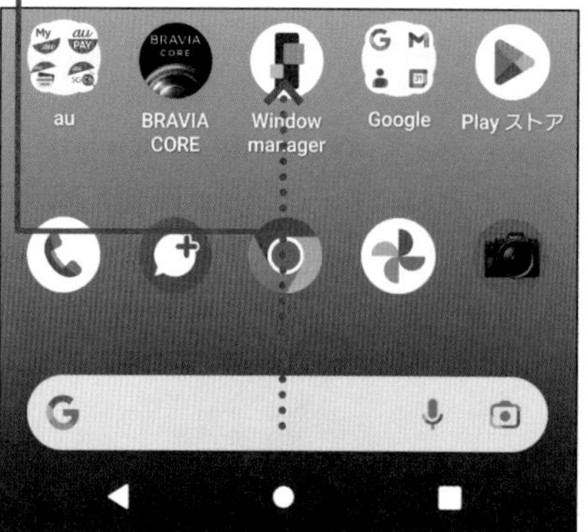

❷ アプリ一覧が表示されました。アプリの中から［YouTube］をタップします。

❸ YouTube Music に関する画面が表示された場合は☒、YouTube Premium に関する画面が表示された場合は［スキップ］をタップします。「YouTube」アプリを開くことができました。

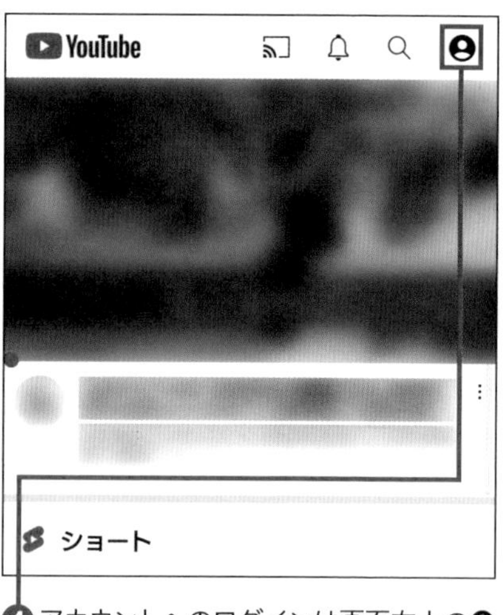

❹ アカウントへのログインは画面右上の👤をタップして行います。

COLUMN 「YouTube」アプリがインストールされていない場合

機種によっては、「YouTube」アプリがインストールされていない場合もあります。その場合はGoogle Playから「YouTube」と検索し、ダウンロードしましょう。

iPhoneでYouTubeアプリをインストールする

❶ iPhoneのホーム画面を表示し、[App Store] をタップします。

❷ App Storeが開きました。

❸ 画面下部の [検索] をタップします。

❹ 画面上部の検索バーをタップし、「you tube」と入力します。

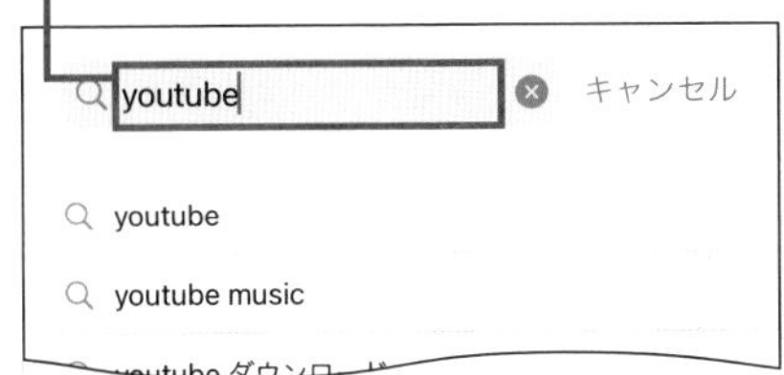

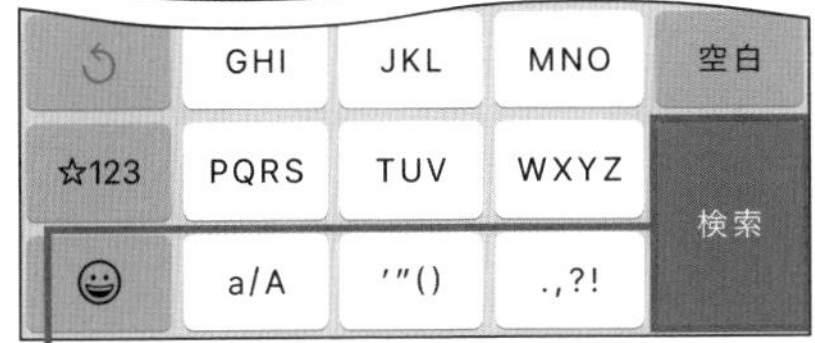

❺ 画面右下の [検索] をタップします。

❻「YouTube」アプリが見つかりました。

❼ [入手] → [インストール] の順にタップします。

❽ Apple IDのパスワードを入力して、

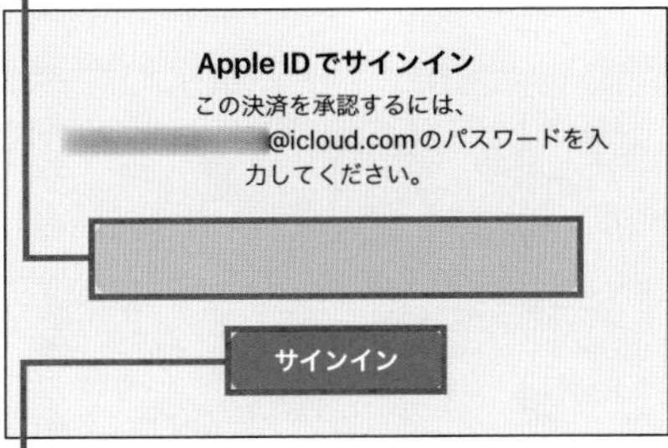

❾ [サインイン] をタップします。

❿ しばらくするとインストールが完了します。[開く] をタップすると、アプリが起動します。

⓫ アカウントへのログインは [Googleアカウントでログイン] をタップして行います。

スマートフォンの活用

YouTubeアプリの画面構成

「YouTube」アプリはスマートフォンに最適化された画面になっているため、パソコンで視聴した場合の画面と少し異なる点があります。ここでは「YouTube」アプリの画面構成を説明します。

ホーム画面の画面構成

❶デバイスに接続	テレビなどに接続して動画を楽しめます。
❷通知	登録チャンネルが新しい動画を投稿した際などに通知が届きます。
❸検索	YouTube 内を検索します。
❹アカウント	現在ログイン中のアカウント情報などを表示します。
❺ホーム画面	YouTube のホーム画面を表示します。
❻ショート	ショート動画を視聴できます。
❼作成	ショート動画の作成や動画のアップロードができます。
❽登録チャンネル	登録中のチャンネルを表示します。
❾ライブラリ	視聴履歴や再生リストなどを表示します。

再生画面の画面構成

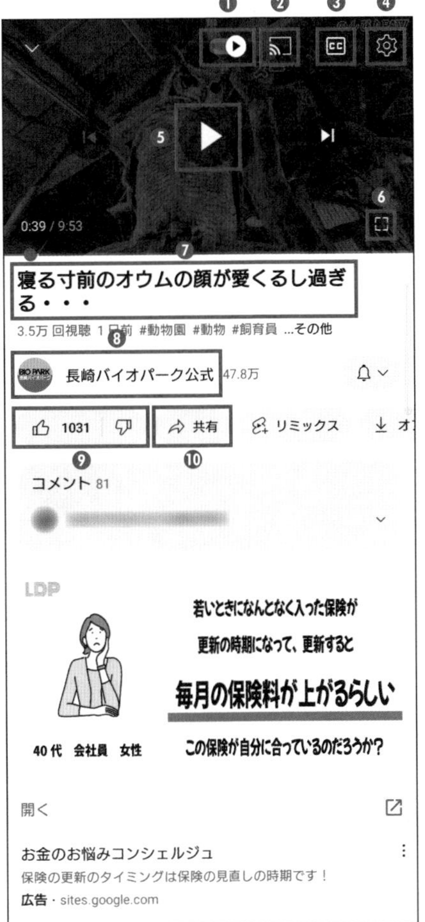

❶自動再生	自動再生がオンになっている場合、自動で次の動画が再生されます。
❷デバイスに接続	テレビなどに接続して動画を楽しめます。
❸字幕	字幕のオン／オフを切り替えできます。
❹設定	画質や再生速度などの各種設定ができます。
❺再生ボタン	動画が再生されます。
❻全画面ボタン	動画を全画面表示にできます。
❼動画タイトル	動画のタイトルが表示されます。
❽チャンネル名	動画を配信しているチャンネル名が表示されます。
❾評価ボタン	動画に評価をつけることができます。
❿共有ボタン	動画を SNS などで共有することができます。

131 スマートフォンの活用

YouTubeアプリで動画を検索・視聴する

「YouTube」アプリでの動画検索の操作はパソコン版とあまり変わりませんが、「YouTube」アプリでは検索したキーワードが記録され、検索バーの下に一覧で表示されます。動画の再生はかんたんなタップ操作で行うことができます。

動画を検索する

❶「YouTube」アプリを開き、画面右上のQをタップします。

❷画面上部の検索バーをタップし、検索したいキーワードを入力します。ここでは「テニス」と入力しました。

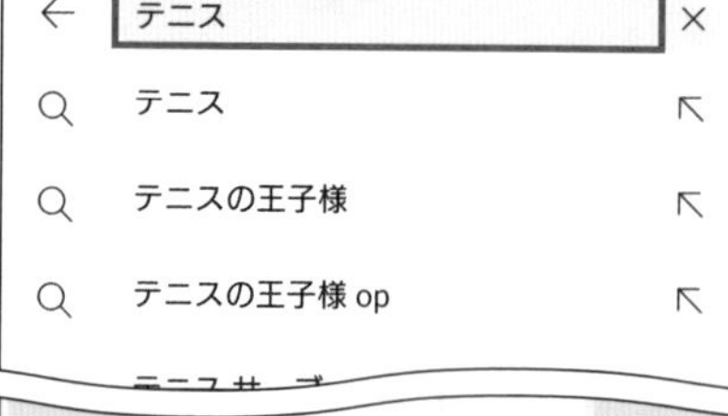

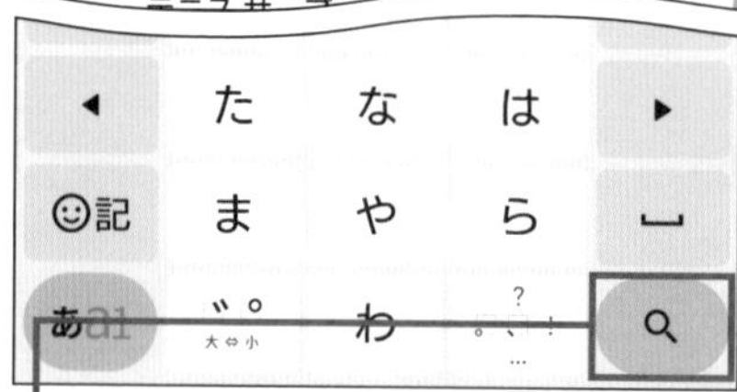

❸入力が完了したら、画面右下のQをタップします。

❹検索結果の一覧が表示されました。

❺目的の動画をタップします。

❻再生画面が開き、動画が再生されます。

動画を再生する

❶ P.236 の手順で、動画の再生画面を開きます。

❷ 動画を一時停止する場合は再生画面内を一度タップし、

❸ 表示される⏸をタップします。

❹ 動画を再び再生するには、▶をタップします。

❺ 動画を早送りしたい場合は、再生画面下部のバーを右にスライドします。巻き戻す場合は、バーを左にスライドします。

❻ 再生画面を全画面表示にする場合は、再生画面右下の⛶をタップします。

❼ 再生画面が全画面表示になりました。

❽ ⛶をタップすると、通常の再生画面に切り替わります。

132 スマートフォンの活用 チャンネルや再生リストに登録する

「YouTube」アプリでは視聴だけでなく、チャンネルや再生リストの登録もできます。登録したチャンネルが新しく動画を投稿したときなどに、アラートを受け取ることができます。いち早く最新の動画を見たい場合は、通知の設定を行いましょう。

チャンネルに登録する

❶チャンネル登録をしたい動画を開きます。

❷画面左側のチャンネル名をタップします。

❸チャンネルページが開きます。

❹項目をタップすると、これまで投稿された動画やチャンネルの概要などが確認できます。

❺画面上部の［ホーム］をタップし、

❻［チャンネル登録］をタップすると、チャンネルが登録されます。

❼通知を受け取る場合は、［登録済み］→［すべて］または［カスタマイズされた通知のみ］の順にタップします。

動画を再生リストに登録する

❶再生リストに追加したい動画を開きます。

❷チャンネル名の下のメニューを左方向にスライドし、

❸［保存］をタップします。

❹動画が再生リストに追加されます。

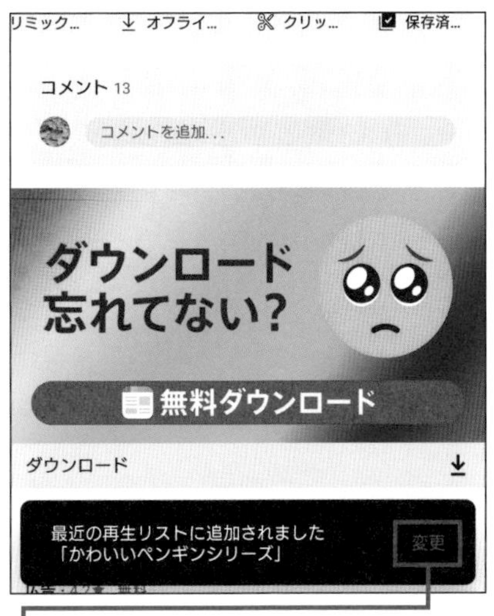

❺新しい再生リストを作成したい場合は、［変更］をタップします。

❻［新しいプレイリスト］をタップします。

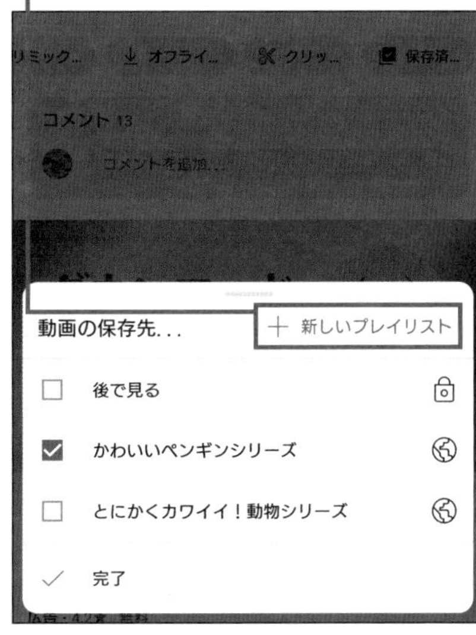

❼再生リスト名を入力します。

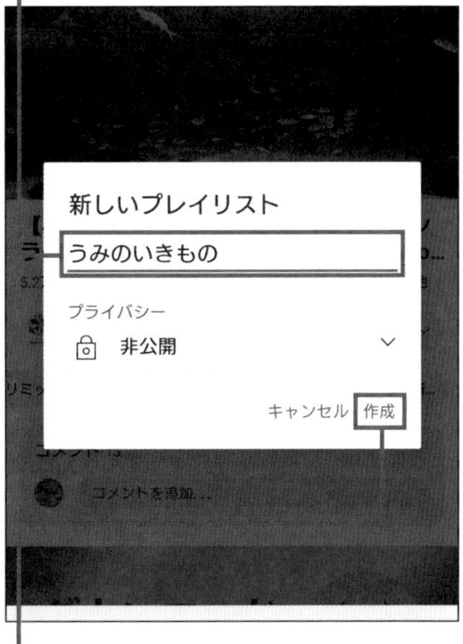

❽［作成］をタップすると、再生リストの作成と追加が完了します。

133 Android端末から動画を投稿する

スマートフォンの活用

パソコンのような編集をすることはできませんが、「YouTube」アプリからでもスマートフォン内の動画をYouTubeにアップロードできます。ここでは、Android端末に保存されている動画を投稿する方法を紹介します。

動画を投稿する

❶「YouTube」アプリを開き、

❷⊕をタップします。

❸［動画をアップロード］をタップします。

❹初回は［アクセスを許可］をタップしてメディアへのアクセスを許可します。

❺スマートフォン内に保存されている動画が表示されます。

❻アップロードしたい動画をタップします。

COLUMN 動画の長さ

動画が60秒よりも短いとショート動画と認識されてしまい、ショート動画の投稿画面が表示されます。

❼ [次へ] をタップします。

❽「詳細を追加」画面が表示されます。タイトルと説明を入力します。

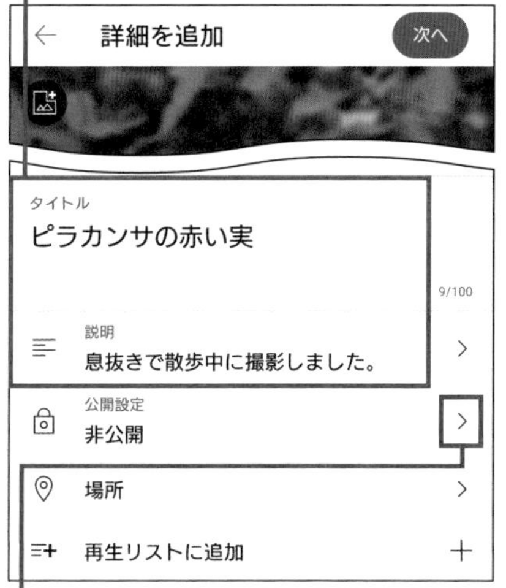

❾ 公開設定を変更したい場合は、「公開設定」の＞をタップします。

COLUMN 再生リストに追加

シリーズ化した動画の1つとして動画を投稿したい場合は「再生リストに追加」の＋をタップして設定します。

❿ 公開範囲をタップして選択します。

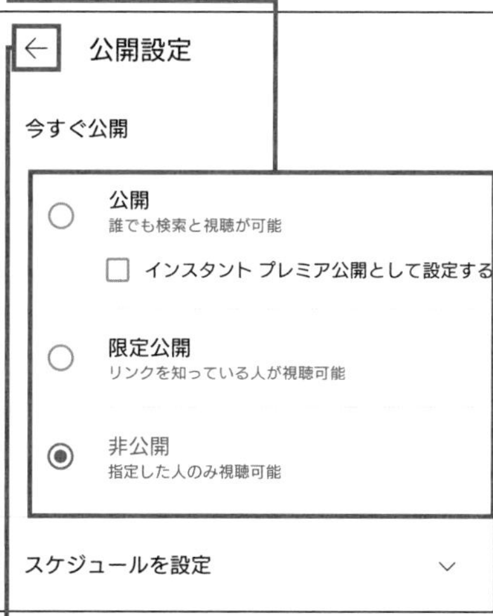

⓫ ←をタップします。

⓬ 撮影場所を追加したい場合は、「場所」の＞をタップします。

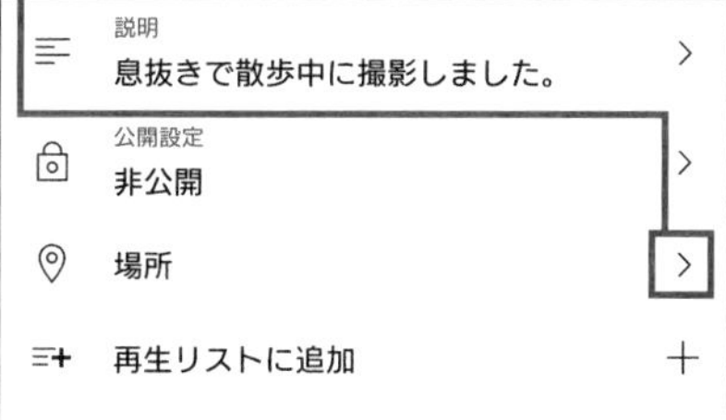

⓭ 撮影場所の名前を入力し、

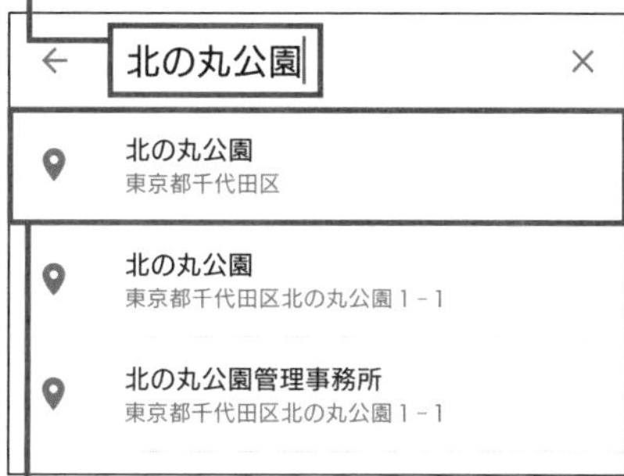

⓮ 一覧から撮影場所をタップします。

⑮［次へ］をタップします。

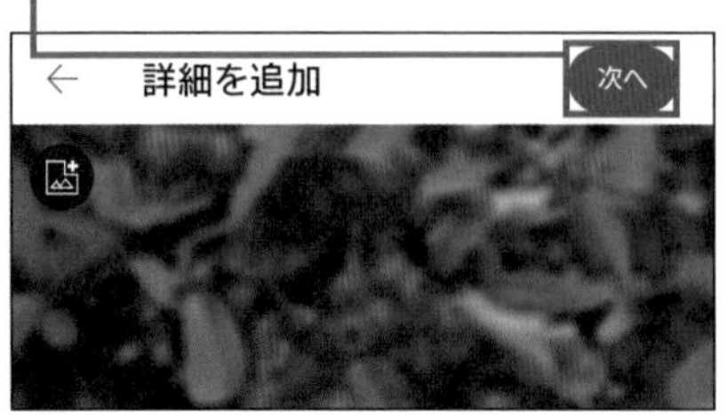

⑯［はい、子ども向けです］または［いいえ、子ども向けではありません］をタップします。

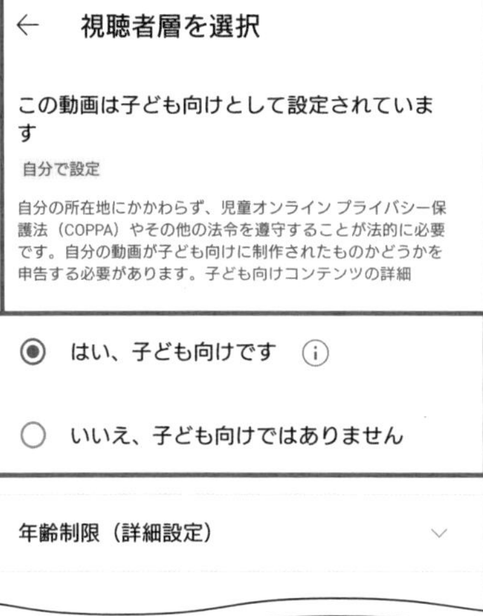

⑰［動画をアップロード］をタップします。

⑱動画のアップロードが開始されます。

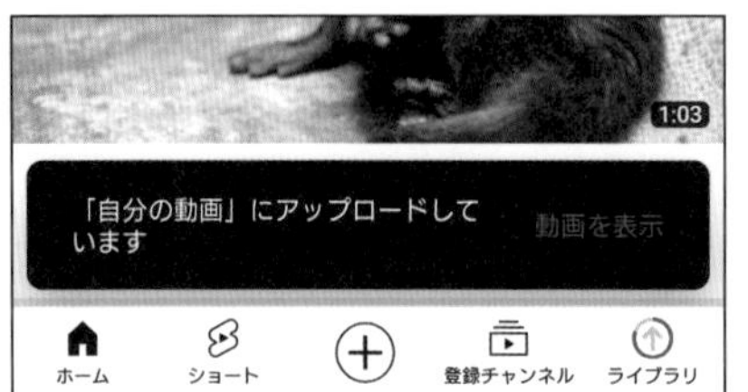

⑲動画のアップロードが完了し、動画が投稿されます。

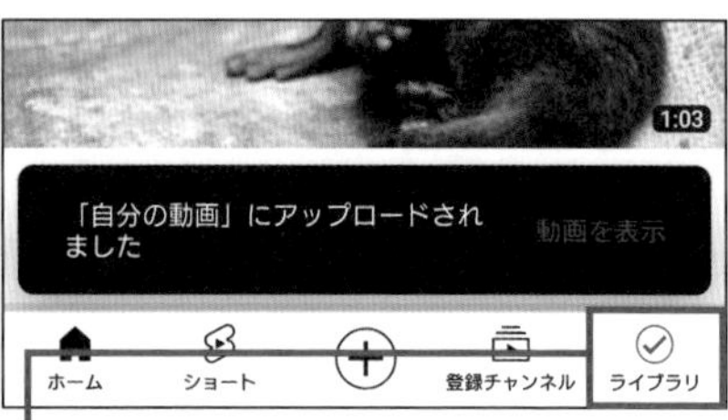

⑳［ライブラリ］をタップします。

㉑［作成した動画］をタップします。

㉒作成した動画の一覧に投稿した動画が表示されます。

第5章
第6章
第7章
第8章 スマートフォンの活用

134 スマートフォンの活用

iPhoneから動画を投稿する

ここでは、iPhoneに保存されている動画を投稿する方法を紹介します。基本的に、Android端末から投稿する場合と手順は変わりません。なお、どちらの端末から投稿する場合でも、操作はWi-Fi接続で行いましょう。

動画を投稿する

❶「YouTube」アプリを開き、

❷ ⊕をタップします。

❸［動画をアップロード］をタップします。

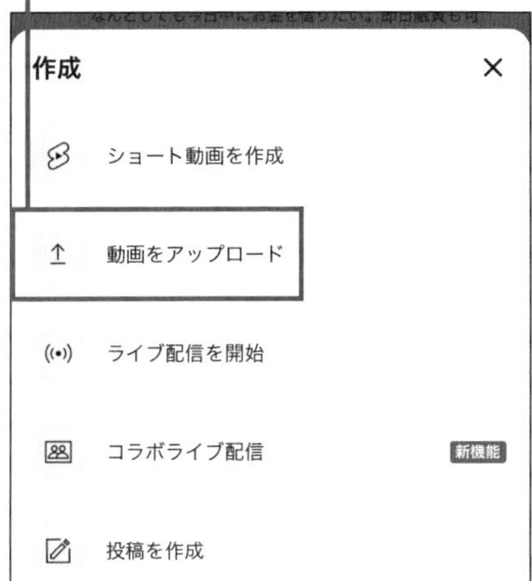

❹ 初回は［すべての写真へのアクセスを許可］をタップします。

❺ スマートフォン内に保存されている動画が表示されます。

❻ アップロードしたい動画をタップします。

第5章 第6章 第7章 第8章 スマートフォンの活用

❼［次へ］をタップします。

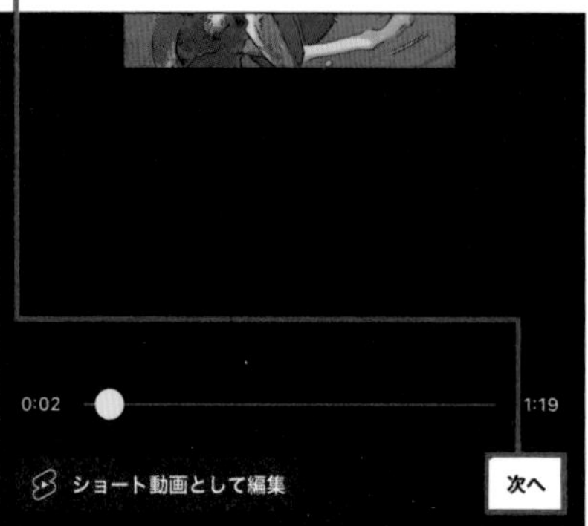

❽「詳細を追加」画面が表示されます。

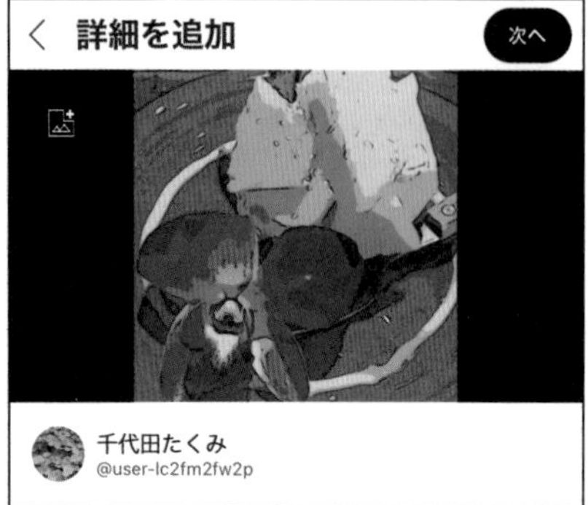

❾タイトルと説明を入力します。

❿公開設定を変更したい場合は、「公開設定」の〉をタップします。

⓫公開範囲をタップして選択します。

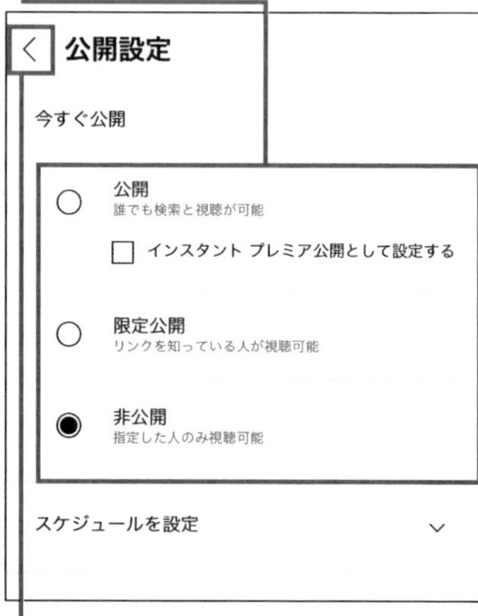

⓬〈をタップします。

COLUMN スケジュールを設定

手順⓫の画面で［スケジュールを設定］をタップすると、公開日を予約できます。

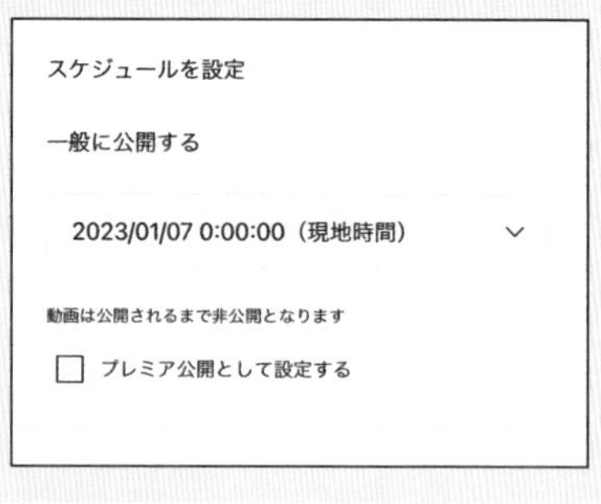

COLUMN そのほかの項目

iPhone版の「YouTube」アプリでも動画投稿時に「場所」の設定と再生リストへの追加が可能です。手順❾の画面で「場所」の〉、「再生リストに追加」の＋をタップしてそれぞれ設定できます。

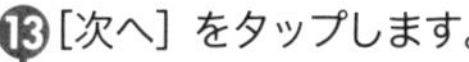
⑬［次へ］をタップします。

⑭［はい、子ども向けです］または［いいえ、子ども向けではありません］をタップします。

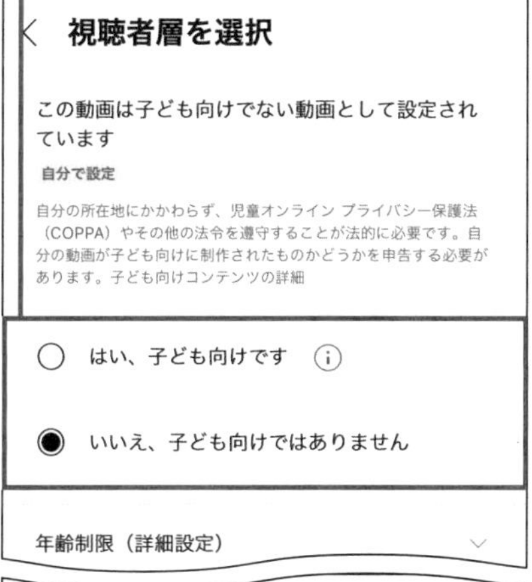

⑮［動画をアップロード］をタップします。

⑯動画のアップロードが完了し、動画が投稿されます。

⑰［ライブラリ］をタップします。

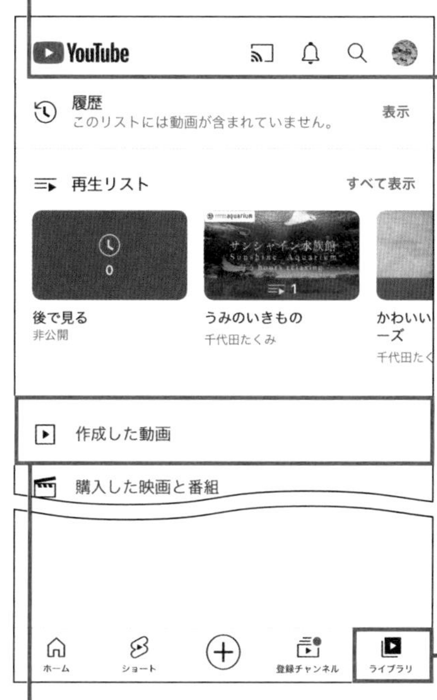

⑱［作成した動画］をタップします。

⑲作成した動画の一覧に投稿した動画が表示されます。

スマートフォンの活用

スマートフォンから ショート動画を作成・投稿する

「YouTube」アプリでは、アプリ内でショート動画を録画し、BGMを設定したり、フィルタをかけたりできます。また、撮影画面ではさまざまな効果をつけた録画や、スマートフォン内の動画の利用などもできます。

ショート動画を作成・投稿する

❶「YouTube」アプリを開き、

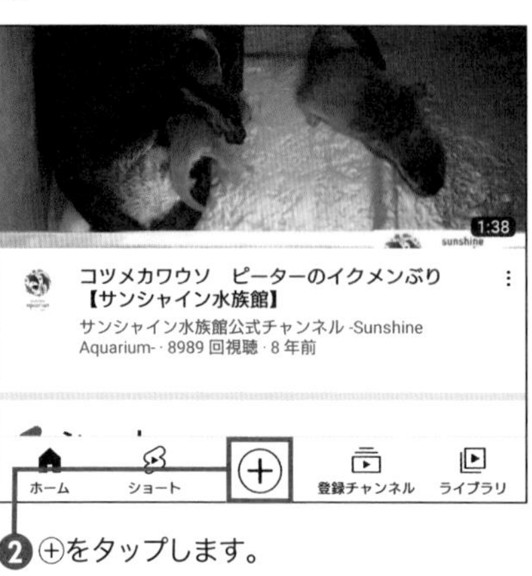

❷ ⊕をタップします。

❸［ショート動画を作成］をタップします。

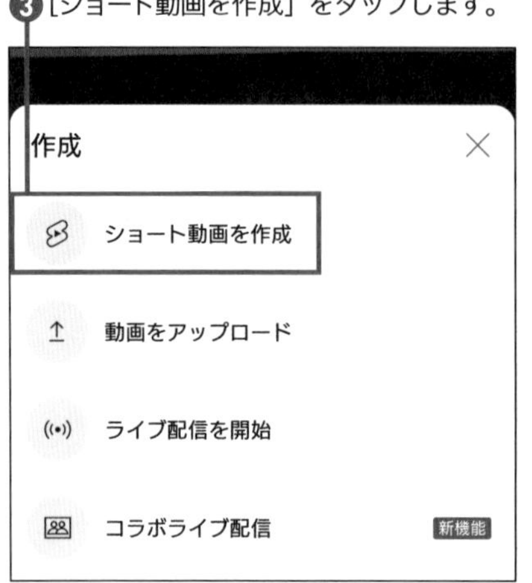

❹ 初回は［アクセスを許可］をタップしてカメラとマイクへのアクセスを許可します。

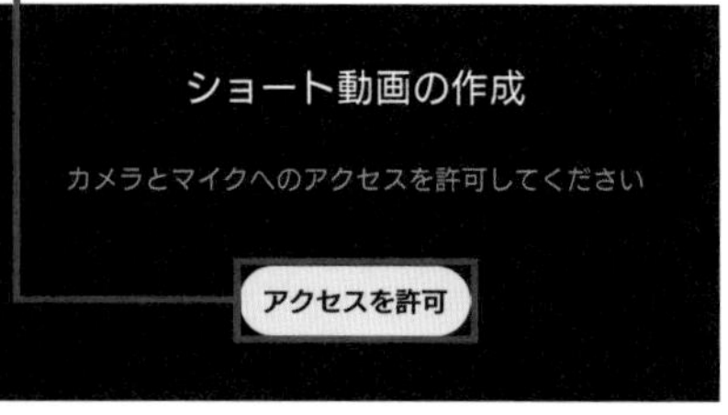

❺ ●をタップしてショート動画の撮影を開始します。撮影画面の詳細はP.249を参照してください。

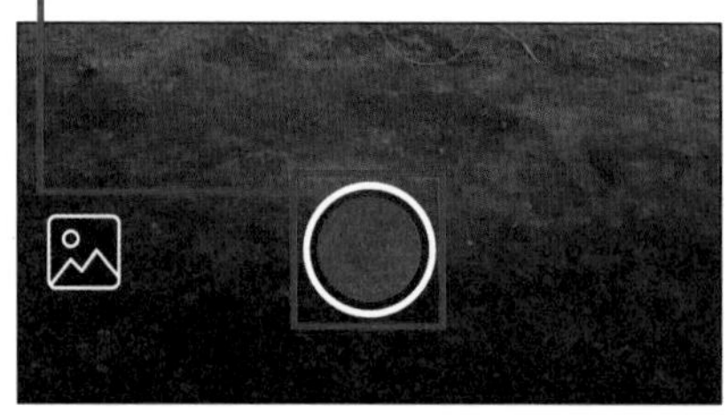

COLUMN 録画の中断

ショート動画の録画中に■をタップすると、録画を一時的に中断できます。再度●をタップすると、録画を再開できます。また、中断した箇所までで録画を停止して投稿する場合は☑をタップすると、P.247手順❻の画面が表示されます。

❻画面上部のバーがすべて赤色になりショート動画の撮影が終了すると、自動的に次の画面が表示されます。

❼[サウンド] をタップします。

❽BGMにしたい楽曲をタップします。

❾BGMが再生されます。

❿BGMが決まったら➡をタップします。

⓫BGMが適用されます。

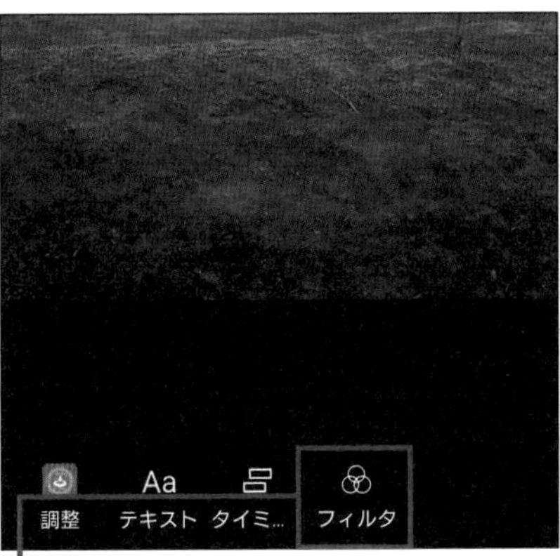

⓬[フィルタ] をタップします。

⓭任意のフィルタをタップして選択し、

⓮[完了] をタップします。

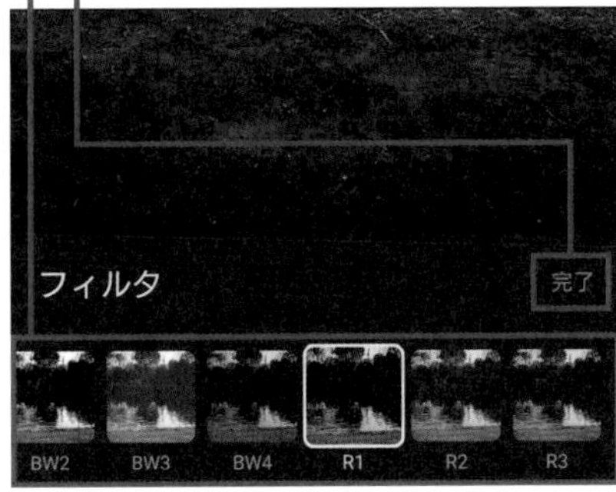

⓯フィルタが適用されます。

⓰[次へ] をタップします。

第5章 第6章 第7章 第8章 スマートフォンの活用

⑰「詳細を追加」画面が表示されます。

⑱公開設定を変更したい場合は、「公開設定」の > をタップします。

⑲公開範囲をタップして選択します。

⑳←をタップします。

㉑［ショート動画をアップロード］をタップします。

㉒ショート動画のアップロードが開始されます。

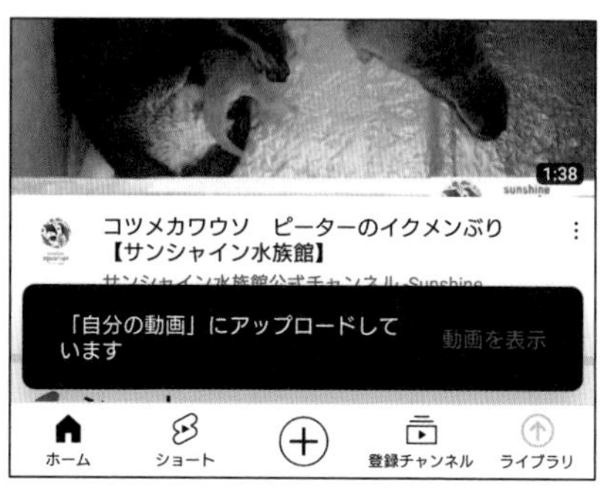

㉓ショート動画のアップロードが完了し、ショート動画が投稿されます。

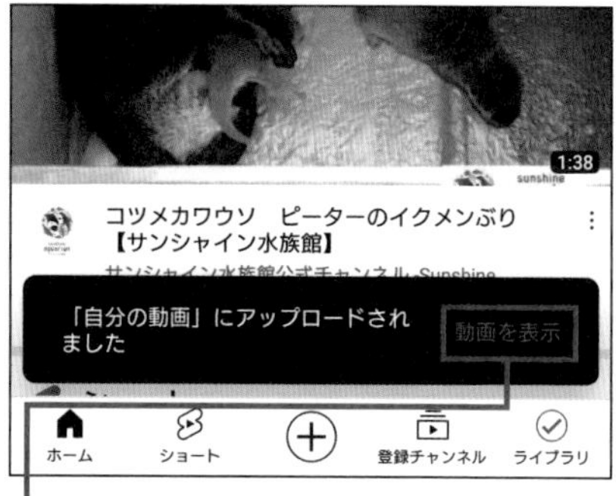

㉔［動画を表示］をタップします。

㉕作成した動画の一覧に投稿したショート動画が表示されます。

ショート動画の撮影画面

❶	❸で設定した時間までの残り時間が赤いバーで表示されます。		❼	画角に人物がいる際に背景をグリーンバックにし、背景画像を合成できます。
❷	BGM を追加できます。		❽	レタッチのオン／オフを切り替えられます。
❸	タップしてショート動画の録画時間を 15 秒または 60 秒に切り替えられます。		❾	フィルタを設定できます。
❹	インカメラとアウトカメラを切り替えられます。		❿	そのほかの設定メニューを表示します。
❺	動画の再生速度を変更できます。		⓫	スマートフォン内の動画をショート動画の一部に使えます。
❻	録画開始までのタイマーをセットできます。			

136 スマートフォンの活用 YouTube Studioをインストールする

スマートフォンでYouTube Studioを利用するには、「YouTube Studio」アプリのインストールが必要になります。ここではAndroid端末版の「YouTube Studio」アプリのインストール方法と、チャンネルの切り替え方法を説明します。

「YouTube Studio」アプリをインストールする

❶ Android端末でアプリ一覧を表示します。

❷ アプリの中から［Play ストア］をタップします。

❸ Google Playが開きます。画面上部の検索バーをタップし、「youtube studio」と入力して、

❹ 画面右下の🔍をタップします。

❺「YouTube Studio」アプリが見つかりました。

❻［インストール］→［次へ］→［スキップ］の順にタップします。

❼ しばらくするとインストールが完了します。

❽［開く］またはホーム画面やアプリ一覧に表示される［YT Studio］をタップすると、アプリが起動します。

表示するチャンネルを切り替える

❶「YouTube Studio」アプリを開きます。初回は［使ってみる］をタップします。

❷画面右上のチャンネルアイコンをタップします。

❸チャンネル名の右側の ＞をタップします。

❹アカウントとチャンネルの切り替え画面が表示されます。現在アクティブになっているチャンネルには✓が表示されています。

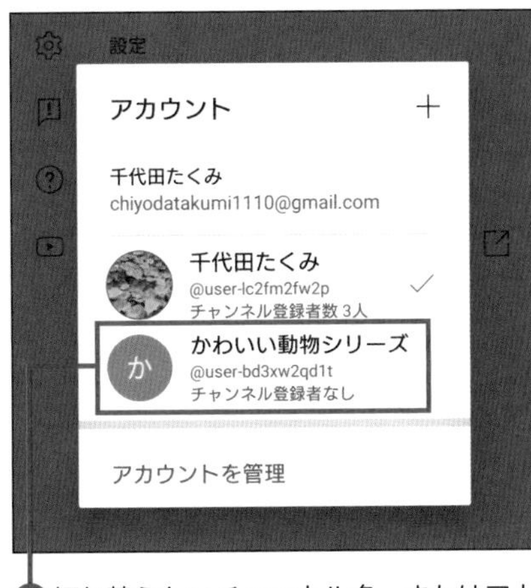

❺切り替えたいチャンネル名、またはアカウントをタップします。

❻チャンネルの切り替えが完了しました。

YouTube Studioで動画を分析する

「YouTube Studio」アプリをインストールしたら、動画の分析を行ってみましょう。ここでは、個別に動画のアナリティクスを表示する方法を説明します。スマートフォン用に画面やグラフが最適化されているので、いつでも手軽にアクセス解析ができます。

「YouTube Studio」アプリで動画を分析する

❶「YouTube Studio」アプリを開きます。

❷［コンテンツ］をタップします。

❸アップロード済みの動画が一覧で表示されます。動画をタップします。

❹［さらに表示］をタップします。

❺選択した動画のアナリティクスが表示されます。

❻タブをタップすると、項目ごとにアナリティクスを確認できます。

概要

視聴回数や総再生時間などの主な指標が表示されます。

リーチ

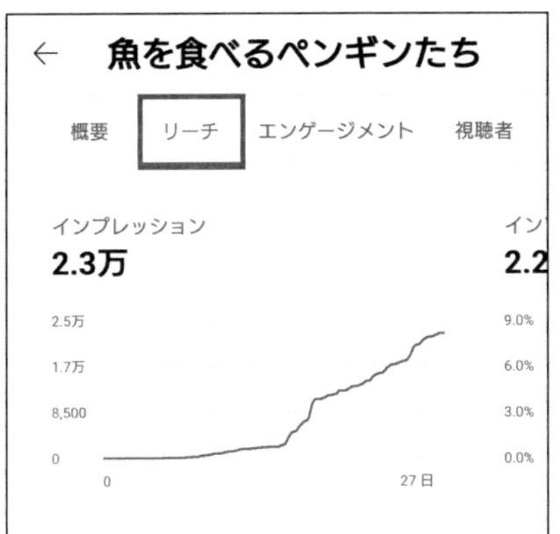

インプレッション（動画が表示された回数）などが表示され、リーチ（到達率）がわかります。

エンゲージメント

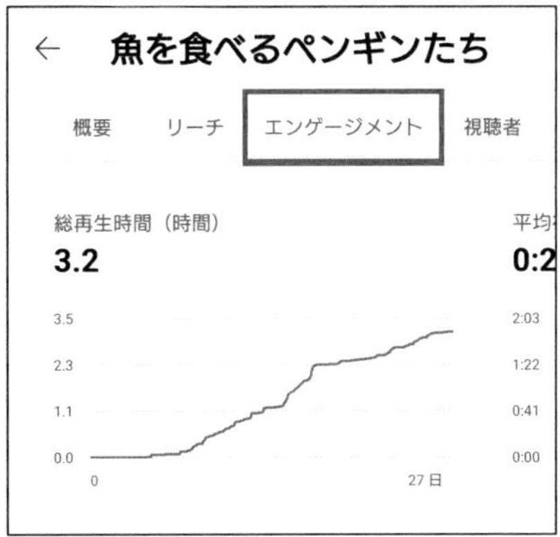

平均視聴時間や視聴者維持率などが表示され、動画の人気度を知ることができます。

視聴者

動画の視聴者に関する情報が表示されます。

COLUMN チャンネル全体のデータの表示

ここでは、個別の動画のデータの表示方法を解説しました。チャンネル全体のデータを表示する場合には、P.252手順❷の画面で［アナリティクス］をタップします。

索引

お問い合わせについて

本書に関するご質問については、本書に記載されている内容に関するもののみとさせていただきます。本書の内容と関係のないご質問につきましては、一切お答えできませんので、あらかじめご了承ください。また、電話でのご質問は受けつけておりませんので、必ずFAXか書面にて下記までお送りください。
なお、ご質問の際には、必ず以下の項目を明記していただきますよう、お願いいたします。

① お名前
② 返信先の住所またはFAX番号
③ 書名（今すぐ使えるかんたん Ex YouTube 投稿 & 集客 プロ技 BEST セレクション 改訂2版）
④ 本書の該当ページ
⑤ ご使用のOSとソフトウェアのバージョン
⑥ ご質問内容

なお、お送りいただいたご質問には、できる限り迅速にお答えできるよう努力いたしておりますが、場合によってはお答えするまでに時間がかかることがあります。また、回答の期日をご指定なさっても、ご希望にお応えできるとは限りません。あらかじめご了承くださいますよう、お願いいたします。

問い合わせ先
〒162-0846
東京都新宿区市谷左内町21-13
株式会社技術評論社　書籍編集部
「今すぐ使えるかんたん Ex YouTube 投稿 & 集客
プロ技 BEST セレクション 改訂2版」質問係
FAX番号　03-3513-6167　URL：https://book.gihyo.jp/116

お問い合わせの例

FAX

①お名前
技術　太郎
②返信先の住所またはFAX番号
03-××××-××××
③書名
今すぐ使えるかんたんEx
YouTube 投稿 & 集客
プロ技 BEST セレクション 改訂2版
④本書の該当ページ
100ページ
⑤ご使用のOSとソフトウェアのバージョン
Windows 10
Google Chrome
⑥ご質問内容
結果が正しく表示されない

※ご質問の際に記載いただきました個人情報は、回答後速やかに破棄させていただきます。

今すぐ使えるかんたんEx YouTube 投稿&集客 プロ技BESTセレクション 改訂2版

2017年6月5日　初版　第1刷発行
2023年6月6日　第2版　第1刷発行

著者……………………………　リンクアップ
監修……………………………　ギュイーントクガワ
発行者…………………………　片岡　巌
発行所…………………………　株式会社 技術評論社
東京都新宿区市谷左内町21-13
電話　03-3513-6150　販売促進部
03-3513-6160　書籍編集部
装丁デザイン…………………　菊池　祐（ライラック）
本文デザイン…………………　リンクアップ
DTP　…………………………　リンクアップ
編集……………………………　リンクアップ
担当……………………………　田村佳則
製本／印刷……………………　日経印刷株式会社

定価はカバーに表示してあります。

落丁・乱丁がございましたら、弊社販売促進部までお送りください。交換いたします。

ISBN978-4-297-13483-9 C3055
Printed in Japan